シギント
SIGINT
最強のインテリジェンス

元内閣衛星情報センター次長
茂田忠良 × 麗澤大学客員教授
江崎道朗

ワニブックス

まえがき——江崎道朗

なぜアメリカは、ロシアによるウクライナ侵攻を半年近くも前に予見することができたのか。

なぜ欧米は、ロシアによるウクライナ侵攻後ただちにプーチン大統領とその関係者の資産凍結を実施できたのか。

なぜアメリカは、日本の外務省や防衛省の情報が中国に漏れていることを把握できたのか。

なぜアメリカは、中国製の通信機器などを政府調達から外そうとしたのか。

言い換えれば、なぜ日本は、ウクライナ侵攻を予見できる力がないのか。

なぜ日本外交はいつも後手に回るのか。


アメリカと日本との違いはどこにあるのか。

その違いの一つが、シギント（信号諜報）に関するインテリジェンスの扱いだ。

アメリカを含む外国、言い換えれば日本を除く大半の国では、国家シギント機関というものが存在していて、安全保障の観点から国内外において国外及び国際間の電話、インターネットなどの通信、クレジットカードの取引情報など（シギント）を傍受・分析し、1年365日24時間、諸外国（同盟国、同志国を含む）に対する情報収集活動を実施している。

ところが日本だけは、こうした行政通信傍受は許されておらず、国家シギント機関も存在しない。日本は現行憲法9条のもとで正規の国防軍を持たない「異質な国」だが、実はサイバー空間でも、敵対国の活動を監視・追跡する国家シギント機関を持たない「異質な国」なのだ。

国家シギント機関を持たないことがいかに日本の平和と安全、国民の人権と財産を危険に晒しているのか。通称ファイブ・アイズ、具体的には米英の国家シギント機関の実態を踏まえて今回、茂田忠良先生に存分に語っていただいた。茂田先生は警察の警備・国際部門を始めとして防衛省情報本部、内閣官房内閣衛星センターにも勤務し、文字通りインテリジェンスの実務を担当してこられた専門家だ。

なお本書は一般社団法人救国シンクタンクの「国家防衛分析プロジェクト」事業の一つである。救国シンクタンクは、岸田文雄政権が2022年12月に閣議決定した国家安全保障戦略で果たして本当に防衛力は抜本強化されるのか、専門家を招いて検証する「国家防衛分析プロジェクト」を発足させた。その一環としてインテリジェンスに関して茂田先生から9回にわたって話を伺い、それを動画番組「チャンネルくらら」で公開すると共に、その内容を筆録・整理し、加筆・修正を施したのが本書だ。

日本の自由と安全を守りたいと思っている方々、特にインテリジェンス、サイバーセキュリティに関心を抱いている政治家、官僚・自衛官、そして経済人には是非とも読んでもらいたい。

麗澤大学客員教授・救国シンクタンク「国家防衛分析プロジェクト」担当研究員　江崎道朗

まえがき

茂田忠良

2022年12月、我が国政府は「国家安全保障戦略」以下の安保三文書を閣議決定しましたが、その中で、今後力を入れていく分野の一つとして、インテリジェンスを掲げています。また、最近の論壇では、国際関係における重要な要素としてDIMEが強調されています。DIMEとは、D（ディプロマシー、外交）、I（インテリジェンス、諜報）、M（ミリタリー、軍事）、E（エコノミー、経済）の四つで、ここでもインテリジェンスが挙げられています。

このように、国家安全保障や国際関係においてインテリジェンスが重要であることについては、もはや疑問の余地がないと思います。しかし、では、そのインテリジェンスの実態はどうなのか。政治指導者、マスメディア、あるいは国民の皆さんが、インテリジェンスの実態を知った上で、議論をしているのか、と考えるとかなり疑問を感じざるを得ません。

皆さんは、「インテリジェンス」と言うと何を思い浮かべるでしょうか。

私のような世代は『007』のジェームズ・ボンドを思い浮かべたりしますが、何れにしろ、スパイ、つまりヒューミント（人的諜報）の世界を考えるでしょう。しかし、インテリジェンスの分野は、ヒューミントの他にも、シギント（信号諜報）、イミント（画像諜報）、マシント（計測・特徴諜報）など多様な分野があります。その中でも、シギントは最も秘匿《ひとく》されている分野ですが、最も重要な分野です。これら多様な分野、特にシギントを知らずして、インテリジェンスを知っているとは言えません。

ところで、私は、ヒューミント、シギント、イミントのインテリジェンス主要三分野を現場で経験した実務家です。公務員として、主として警備警察部門でヒューミント、防衛庁（当時）でシギント、内閣官房でイミントを経験しました。もちろん、これらは「日本型」というのでしょうか、様々な制約があり、世界標準（あるいは世界最先端）とは程遠いものがあります。しかし、私はこれらの経験と国際渉外業務を通じて、世界標準のインテリジェンスとは如何なるものなのか、を実感することができました。そこで、退職後の人生のミッションとして、世界標準のインテリジェンスについての自分の知識と経験を日本社会に還元して、我が国のインテリジェンスに対する理解の向上に貢献したいと考えました。

ところが、公務員としての守秘義務は守らなければなりません。実務を通じて得た知識や体験、秘密を語るわけにはいきません。困っていたところ、2013年にエドワード・スノーデンという青年が、NSA（国家安全保障庁）というアメリカの国家シギント機関の膨大な機密情報を漏洩《ろうえい》したのです。ガーディアン紙、ニューヨーク・タイムズ紙、ワシントン・ポスト紙など欧米のメディアが、漏洩情報に基づいて大量の報道をするとともに、漏洩情報そのものも多量に公開しました。この結果、NSAという世界最強のシギント機関の全体像がほぼ明らかになりました。私も公務員としての守秘義務に違反することなしに、世界のインテリジェンスの実態、特に、シギントの実態について、語ることが可能となったのです。

そこで、私は、スノーデン漏洩情報やその他の漏洩情報に加えて、公知の事実、アメリカ政府の公表資料や秘密解除資料、各種の報道など誰でもアクセス可能な資料を基に、論文や論考を執筆して発表してきました。

しかし残念なことに、これらの論文や論考の影響力は、ほとんど皆無のようです。最近の論壇やマスメディアにおけるインテリジェンス論議を見ていても、シギントの実態を踏まえた論議は見られません。


そうこうするうちに、江崎道朗先生と巡り合いました。先生には私の研究の価値を認めていただいて、YouTube番組「チャンネルくらら」の「国家防衛分析プロジェクト」の対談に御招待いただいたのです。シギントは極めて複雑広大な世界ですが、ポイントを絞って分かりやすく解説して欲しいとの要請を受け、対談が実現しました。そして今回、その対談録に相当の加筆をして、本書の出版となりました。

本書の内容は、アメリカのＮＳＡを中心とするシギントの世界を描いています。この分野は膨大な世界であり、本書一冊でシギント全体を語り尽くすことは到底できません。本書で取り上げたのはその一部に過ぎませんが、それでも巨大なシギント世界の骨格を理解していただけると思います。シギントという特殊な機密の分野ですので、カタカナ語やコードネームが多く、取っ付き難いかも知れませんが、興味深いエピソードもなるべく多く盛り込みました。エピソードを通じて、シギントに限らずインテリジェンス世界の世界標準の考え方にも触れていただけるのではないかと思います。

本書の内容は、政治指導者、外交・防衛の担当者、スパイ・テロ対策の担当者には、必須の基礎知識であると考えます。皆さんが相手にする外国の担当者は、こういう世界に両足あるいは片足を突っ込んでいるか、少なくともこういう世界を知っている人たちだからです。

インテリジェンス研究者にとっても、必須の基礎知識です。シギントを知らずに、インテリジェンスを知っているとは言えないからです。

国際政治を研究する方々にも、必須の常識であると思います。シギントを知らずに国際政治を研究するのは、片目を瞑ったまま研究しているようなものです。

国際情勢や国際ビジネスに関心を持っている方々にも、国際関係理解のために有益な基礎知識です。

一般読者の皆さんには、本書を通じて、こんな世界があるのかと、インテリジェンスの世界の実態に触れていただきたいと思います。そして、インテリジェンス強化の議論に、国の主権者として参加していただきたいと願います。

なお、内容について注意していただきたい点が2点あります。

第一は、本書の内容の多くは、2013年のスノーデン漏洩情報の分析に基づいているということです。情報漏洩があってから既に10年が経過しています。シギントの実際はもっともっと進んでいるでしょう。しかし、スノーデン漏洩情報以降これほど体系的な情報は漏洩されていませんし、ここでお示ししたシギントの骨格は、現在でも有効であると考えます。つまり、本書以外に、私の論文を除いては、アメリカのシギントについて体系的に記載した類書は我が国に存在しないということです。

第二に、スノーデン漏洩情報は内部の機密資料であり、基本的に内部のシギント専門家、それもコンピュータ・ネットワークの知識がある者向けの資料です。私は、残念ながら文系人間であり、コンピュータ・ネットワークの知識は十分ではありません。そこで技術の細部について解釈に誤りがある可能性が皆無ではありません。本書の基となった諸論文には根拠資料の出典を明記してありますので、もしコンピュータ・ネットワークの専門家で疑問を感じる方がいらっしゃいましたら、原典に当たって御指摘をいただければ幸いです。

最後に、「国家防衛分析プロジェクト」の江崎道朗先生、松井弥加様、「ワニブックス」の川本悟史様、ライターの吉田渉吾様には、本書の出版によって、インテリジェンスの実態について、私の知識を我が国の社会に提供する機会を作っていただきました。感謝申し上げます。

第一章 インテリジェンスなくして「反撃」なし

第二章 アメリカのインテリジェンスに学べ

第三章 「世界最強のインテリジェンス機構」ファイブ・アイズとＮＳＡ

第四章

NSAの恐るべき情報収集能力

第六章 既に到来、シギントの黄金時代

第七章 「インテリジェンスの本家」イギリスの底力

第八章 サイバーセキュリティ最前線

第九章 日本のインテリジェンス強化のための提言

※敬称につきましては、一部省略いたしました。役職は当時のものです。
※写真にクレジットがないものは、パブリックドメインです。

【注：用語について】本書では世間一般とは異なる用語（訳語）を幾つか使っています。

●Intelligence：諜報

インテリジェンスは我が国では通常「情報」と翻訳されますが、インフォーメーションも「情報」と翻訳されるため、両者の区別が曖昧になっています。私は、これがインテリジェンスを正しく理解する上で障碍となっていると考えていますので、両者を区別するため、インテリジェンスの訳語としては「諜報」を使います。「諜報」はちょっとイメージの悪い用語ですが、これ以外に適切な訳語が見つかりません。

●Agency：庁

インテリジェンス機関名の日本語訳では、Agencyがしばしば「局」と翻訳されます。「National Security Agency (NSA) = 国家安全保障局」や「Central Intelligence Agency (CIA) = 中央情報局」がその例です。しかし、Agencyを「局」と翻訳するのは、明らかに間違いですので、私は本来の「庁」と訳しています。職員数が数万人にも及ぶ巨大機関を殊更「局」と呼ぶ我が国の慣習の背後には、インテリジェンス蔑視の感覚があるのかも知れません。

●Defend：防禦

一般に使われる「防御」の「御」は、本来「おろす」という意味ですので、「ふせぐ」という意味の旧字「禦」を使っています。

茂田忠良

第一章　インテリジェンスなくして「反撃」なし

ヒューミント、シギント、イミントの三分野を現場で体験

江崎道朗（以下、江崎）：我が国は、2022年12月に策定された国家安全保障戦略をはじめとする安保三文書に基づいて、5年間で43兆円を投じて防衛力を抜本強化する国策を示しました。これは大きな決断だったと思います。

この国家安全保障戦略では、次の五つの力で日本の自由と独立を守るとしています。

第一に外交力です。ロシアによるウクライナ侵略でも明らかなように、友好国、同志国をどれだけ持っているかが戦争の動向を左右します。よって日本も既に「大幅に強化される外交の実施体制の下、今後も、多くの国と信頼関係を築き、我が国の立場への理解と支持を集める外交活動」を展開しています。

第二に防衛力です。しかも防衛力に裏打ちされてこそ外交力は高まるとして第二次安倍政権以降、「抜本的に強化される防衛力は、我が国に望ましい安全保障環境を能動的に創出するための外交の地歩を固めるものとなる」として、外交と防衛の連動を強めてきました。

第三に経済力です。「経済力は、平和で安定した安全保障環境を実現するための政策の土台となる」。経済力があってこそ軍事力も強化できるのです。

第四に技術力です。「官民の高い技術力を、従来の考え方にとらわれず、安全保障分野に積

極的に活用していく」。科学技術の軍事利用に反対する一部勢力には屈しない、ということです。

第五に情報力です。「急速かつ複雑に変化する安全保障環境において、政府が的確な意思決定を行うには、質が高く時宜《じぎ》に適った情報収集・分析が不可欠である」。要は情報、インテリジェンスの強化を国家安全保障戦略の中で明確に打ち出したのです。

ただし、インテリジェンスとはいかなるものなのか。ハリウッド映画のスパイ映画のような世界を思い浮かべる方も多いように思いますが、実際のインテリジェンス活動とはいかなるものので、今後、どのように強化していくべきなのか。我が国のインテリジェンスの第一線で活躍してこられた茂田忠良先生にお伺いしたいと思います。

茂田先生は、1975年4月に警察庁に入庁以来、2008年の公務員退官までに、警察の各分野、主として警備部門・国際部門で勤務した他、防衛庁情報本部電波部長、内閣官房内閣衛星情報センター次長を歴任し、インテリジェンスの現場を担当してこられました。

また、2014年から2016年まで日本大学総合科学研究所教授、2016年から2022年まで同大学危機管理学部教授を務められていました。

その茂田先生に、本章では、主に「反撃能力」に関わるインテリジェンスをテーマにお話をお伺いしたいと思います。茂田先生、よろしくお願い致します。

茂田忠良（以下、茂田）：過分な御紹介を頂戴して面映《おもは》ゆい気持ちですが、よろしくお願いします（笑）。

私はインテリジェンスの三分野を現場で体験しました。一つ目は、現職の時に警察で携わった日本的ヒューミント（HUMINT：Human Intelligence、人的諜報）です。二つ目は、防衛庁に情報本部ができる前から取り組み続けてきたシギント（SIGINT：Signals Intelligence、信号諜報）。三つ目は、内閣衛星情報センターで携わったイミント（IMINT：Imagery Intelligence、画像諜報）です。このヒューミント、シギント、イミントの三分野を現場で体験している人は少ないと思います。

ただ、そうは言っても、私の知識もおそらく相当限定的なものです。

第一に公職を15年前に辞めているので、知識が古い。また、現職時代の話のほとんどは秘密ですから内容については話せません。それから、辞めた後の15年間の知識はどうかと言えば、これもまた秘密保全ですから、現職の人が「最近はこうなっていますよ」などと教えてくれるはずもありません。つまり、15年分のインサイダー情報もない。従って、私が本書でお話しする知識は、全て公刊資料で勉強して、現在はこうなっているのではないかと言える範囲のものです。

また、後程お話しするターゲティングに関しても、実は専門ではありません。私自身がタクティカル・インテリジェンス（Tactical Intelligence、作戦情報。主として軍司令官が作戦の計画と遂行に必要とする情報）を専門にしていないからです。ただ、全般的にインテリジェンスとはこういうものだというイメージを持っていますので、その視点から見て、ターゲティングにはこういう情報が必要になると、合理的な推測ができるかと思います。

江崎：インテリジェンスに関する歴史研究は「インテリジェンス・ヒストリー」と呼ばれ、重要視されています。過去の歴史を踏まえない限り、今のインテリジェンスの運用も見えてこないからです。茂田先生は謙虚にそうおっしゃいましたが、現場を熟知されている方からお話を伺えるのは、ありがたい限りです。

反撃能力に必要なインテリジェンスの視点が欠けている安保三文書

江崎：では、本題に入っていきましょう。

２０２２年12月の安保三文書の目玉の一つで話題になったのが「反撃能力の保持」です。日本は戦後これまで専守防衛の名の下で、外国を攻撃できる兵器――ミサイルや爆撃機などを持ってこなかったわけです。

しかし、中国、ロシア、そして北朝鮮が次々とミサイルを開発、配備し、日本列島全体を射程に収めるようになりました。これに対して日本は莫大な予算を使ってミサイル防衛システムを導入し、相手のミサイルを迎撃する仕組を整えてきました。

ところが、中国、ロシア、北朝鮮のミサイル戦力は、質・量ともに著しく増強され、ミサイル防衛だけでは対応できなくなってしまったのです。このため、ミサイル防衛によって飛来するミサイルを防ぎつつ、相手からの更なる武力攻撃を防ぐために、我が国から有効な反撃を相

「反撃能力」：我が国への侵攻を抑止する上での鍵

必要性

- 近年、我が国周辺のミサイル戦力は質・量ともに著しく増強。ミサイル攻撃が現実の脅威。既存のミサイル防衛網を強化していくが、それのみでは完全な対応が困難になりつつあるところ
- このため、ミサイル防衛により飛来するミサイルを防ぎつつ、相手からの更なる武力攻撃を防ぐために、我が国から有効な反撃を相手に加える能力が必要

意義

- 「反撃能力」とは、我が国に対する武力攻撃が発生し、その手段として弾道ミサイル等による攻撃が行われた場合、武力の行使の三要件に基づき、そのような攻撃を防ぐのにやむを得ない必要最小限度の自衛の措置として、相手の領域において、我が国が有効な反撃を加えることを可能とする、スタンド・オフ防衛能力等を活用した自衛隊の能力
- こうした有効な反撃を加える能力を持つことにより、武力攻撃そのものを抑止する。その上で、万一、相手からミサイルが発射される際にも、ミサイル防衛網により、飛来するミサイルを防ぎつつ、反撃能力により相手からの更なる武力攻撃を防ぎ、国民の命と平和な暮らしを守っていく

出典：防衛省「国家防衛戦略（概要）」
https://www.cas.go.jp/jp/siryou/221216anzenhoshou/boueisenryaku_gaiyou.pdf

手に加える能力が必要だとして、「反撃能力」を持つことを決断したわけです。

この反撃能力を持つ——戦後の現行憲法の基本的な考えからすると、我が国は大きく踏み込んだ決断をしました。

その反撃能力を持つために、どのようなことをしていくのかが国家防衛戦略には書かれています。

一つは、長距離の精密打撃能力を持つ。そのためには射程千キロメートルを超えるミサイル装備を持つことが示され、具体的にはアメリカの防衛産業からトマホーク巡航ミサイルを購入するとしています。

ちなみに、僕は『月刊正論』2013年10月号に「尖閣防衛へ猶予なし！　巡航ミサイル『トマホーク』を緊急購入せよ」という原稿を載せていて、アメリカのミサイル・パトリオットの開発でも有名なレイセオン社の関係者ともトマホークの必要性について意見交換したことがあります。

次に、国産の長射程の巡航ミサイル「12式地対艦誘導弾」の射程が短いので、この射程を伸ばし、更には超音速ミサイルを開発するなどして反撃能力を持つと謳っています。

ただ、これに関しても、そもそも長射程のミサイルの開発ができるかどうか、仮に長射程のミサイル開発に成功したとしても、果たしてどこに撃つのかという問題があります。相手からの更なる武力攻撃を防ぐためには、相手のどこをどのように攻撃したらいいのか、この点が安保三文書では曖昧なのです。

茂田：開発は担当の方々に頑張っていただいて、武器体系は調達できるという前提で、どう運用するのか。私の視点からすれば、武器をどう使うのか、その時にどういうインテリジェンスが必要なのかということです。

巡航ミサイル（アメリカ海軍）

安保三文書を読むと、その点についてあまり書いていません。具体的に書いてあるのは、せいぜい次の二つです。

一つは、約600億円の予算で静止衛星（赤道上空の高度約3万6000キロメートルの円軌道を地球の自転と同じ周期で回ることで地上からは静止しているように見える人工衛星）を打ち上げる。これは多分、アメリカの早期警戒衛星のSBIRS(Space-Based Infrared System、宇宙配備赤外線システム）衛星のうちの静止衛星のようなものでしょう。高度約3万6000キロメートルの遠くから、ミサイル発射の際に出る噴射ガスの熱線、赤外線を探知して、ミサイルの種類やコースを想定してくれる衛星システムです。

もう一つは、無人偵察機を飛ばして敵軍の動きの情報を取る。これは使えるかなと思いました。

江崎：高高度な偵察衛星を飛ばせる能力が我が国にあるかどうかは別にして、それ1基で何とかなるものなのですか。

茂田：何ともなりません。現にアメリカは今のままでは機能しないと、次のシステムに移行しつつあります。

アメリカに何周も遅れている日本の衛星探知システム

茂田：現在、アメリカが早期警戒衛星のうちの静止衛星、これはSBIRS－GEO（静止軌道）と言いますが、何基運用しているかは機密ですから公表されていません。おそらく6基ぐらいは運用しているでしょう。それに加えて、SBIRS－HEO（長楕円軌道）という衛星が3基あります。これは地球を1日で2周する、北半球に傾斜したモルニヤ軌道（軌道傾斜角が63・4度で、周期が地球の自転周期の半分になる人工衛星の軌道）上の衛星で北半球の監視に特化した探知システムです。

アメリカの人工衛星による監視技術は非常に性能が高いので、今まではミサイルが打ち上げられた段階で着弾まで正確に予測できていました。しかし、そのアメリカの探知システムでも、もはやトラッキング（追跡）できない状況になってきたのです。つまり、変則軌道のミサイルが出てきたのです。弾道ミサイルもリエントリー（大気圏再突入）後に滑空しながらコースを変えられてしまうと、着弾までの飛行コースの正確な予測が困難になってきた。また、巡航ミサイルや、日本やアメリカも開発しようとしている、推進装置を積んだ超高速のミサイルなどでは、飛行経路が更に複雑になるので、従来のアメリカの探知システムではトラッキングできなくなってきたのです。更に、数少ない早期警戒衛星では、衛星攻撃で破壊されると早期警戒が機能しなくなるという弱点もあります。

そこで、今、アメリカはこれまでとは違った、全く新しいスターリンク（※1）型のシステムに移行しようとしています。スターリンク型とは、低軌道に打ち上げた多数の小さい衛星でミサイルの発射を探知する、そして発射後にミサイルの軌道を変えられても追跡し続けるというシステムです。

そのためアメリカは、２０１９年に宇宙開発庁（Space Development Agency）を設立し

※1　スターリンク：米国企業スペースXが運用する、人工衛星を使ったインターネット接続サービス。スペースXは２０２０年10月、弾道ミサイルと極超音速ミサイルを探知・追跡する人工衛星の開発契約を米国防総省宇宙開発庁（ＳＤＡ）と結んだ。

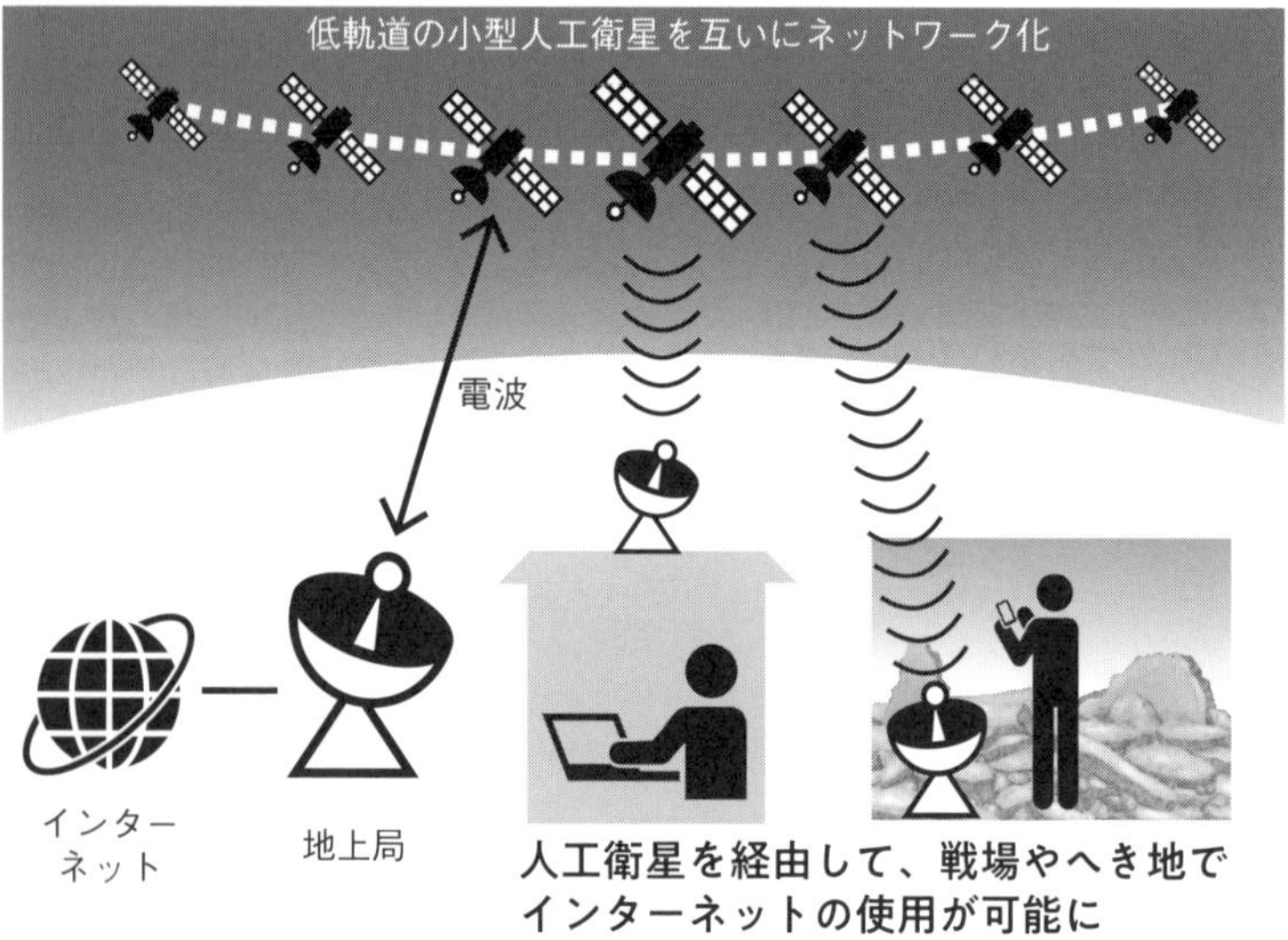
低軌道の小型人工衛星を互いにネットワーク化
電波
インターネット
地上局
人工衛星を経由して、戦場やへき地でインターネットの使用が可能に
スターリンクの概念図

て、ＰＷＳＡ（Proliferated Warfighter Space Architecture）というシステムの構築を始めました。ＰＷＳＡというのは、拡散型宇宙戦闘システムとでも訳すのでしょうか。２０２６年までに低軌道に１０００基以上の衛星を打ち上げる計画です。この衛星群には機能によって幾つかの種類があり、ミサイル発射を探知して、ミサイルを追跡するだけでなく、ミサイル迎撃のための指揮統制機能まで搭載されるようです。それどころか、公表されている概念図を見ると、ＴＥＬ（Transporter Erector Launcher、輸送起立発射機）という移動式のミサイル発射台については、ミサイル発射前からその位置を捕捉し続ける機能も持たせるようです。

江崎：アメリカ軍は、対象国がミサイルなどを撃ってくる時に、確実に潰したり、防備したりするために、従来の高高度の偵察衛星システムから低軌道の小型人工衛星システムへと移行する状況なのに、日本は今からアメリカの従来のシステムで探知しようとしています。アメリカからすれば、20～30年は遅れている感じでしょうか。

茂田：相当遅れています。他方、中国は、こうしたアメリカの動きを見ながら、自分のインテリジェンス能力を大増強しています。例えば、報道によれば、中国は既に2022年時点で136基の偵察衛星（要するに、早期警戒衛星、イミント衛星、シギント衛星など）を保持するなど、大増強しています。また、中国はスターリンク型の低軌道の通信衛星を大量に打ち上げる予定です。国営企業、軍系企業が中心となって合わせて2万6000基にも上る打上計画があるそうです。中国は軍民共用となるでしょうから、当然、通信衛星網は、軍の指揮統制にもミサイルの飛行経路指令にも活用されるでしょう。

江崎：米軍は、北朝鮮や中国などもどんどん作っている新しいミサイルシステムに対応して、ターゲティング、つまり、相手の軍事目標を特定し、通信などを通じてその目標にミサイルなどが確実に当たるよう誘導する技術を開発しています。片や、日本がこういった30年遅れの話を持ち出してくるのは、なぜなのでしょうか。日米間でこうした協議ができていないからそうなってしまうのかとも思うのですが。

茂田：そのあたりの事情は私には分からないのですが、公務員OBとして危惧《きぐ》しています。

アメリカも契約の残りがあるので、2020年代はまだ静止衛星SBIRS－GEOを何基か打ち上げるようです。日本が静止衛星を打ち上げるのなら、日本単独のシステムとしての運用では性能が低いわけですから、アメリカの既存のSBIRS－GEO衛星やモルニヤ軌道のSBIRS－HEO衛星の早期警戒衛星トータルの探知システムとどのように連動させて、全体の能力を上げるのか。本来であればそういう視点で、アメリカと、運用の方法やインテリジェンスのシェアの仕方が議論されてしかるべきです。

また、反撃能力と言っても、必要なインテリジェンスを早期警戒衛星だけで賄えるわけではありません。イミント（画像諜報）やシギント（信号諜報）も関係してきます。

イミント能力をどう強化するかと見ると、安保三文書には「衛星コンステレーションを活用した画像情報等の取得」が記載されていますが、特別な予算は計上されていないので、内閣情報衛星センターの画像データの活用を前提にしているとみられます。内閣情報衛星センターの情報収集衛星は、近年その数も増え性能も向上しているはずですが、アメリカが運用している各種衛星の画質や広域撮像能力と比肩するには未だに程遠い状況でしょう。アメリカとの協力関係がどうなのか心配なところです。

更に、インテリジェンスで最も重要なのはシギントなのですが、不思議なことに、シギント機関の強化については言及そのものがありません。「安保三文書」では、サイバー安全保障とサイバーセキュリティの強化について多く言及されていますが、米英加豪ニュージーランドなどいわゆるUKUSA諸国、これについては後で詳しくお話ししますが、これらの国ではサイバーセキュリティの中核を担っているのはシギント機関なのです。ところが、インテリジェンスの中核であり、サイバーセキュリティの中核でもあるシギント、その強化については具体的な言及がないのです。

どうやってアメリカとギブ＆テイクの関係を作るかが最大の課題

江崎：安保三文書を見ていると、どうも日本は基本的に自前でやろうと考えているようです。例えば、『月刊正論』２０２３年3月号の岩田清文・元陸上幕僚長と島田和久・前防衛事務次官の対談で、島田氏はこう述べています。

《反撃能力に関しては、米国製の巡航ミサイル・トマホークが話題になっていますが、抑止力を向上させるためには、日本独自の判断で運用できること、つまり自律性が不可欠です。そうでなければ、米国に加え、日本も持つ意義がない。そのためには国産ミサイルを主体にする必要があります》

確かに日本独自で反撃能力を運用できることを目指すべきです。しかしミサイルを持ったとしても、そのミサイルをどこに撃てば効果的なのか、そもそも攻撃対象に関する情報を現時点で日本はどこまで持っているのか。この件について米戦略国際問題研究所（CSIS）のクリストファー・ジョンストン日本部長がこう答えています。

《昨年末の安保3文書決定は日本の防衛戦略と自衛隊の歴史的な転換であり、今年1月の外務・防衛担当閣僚による安全保障協議委員会（2プラス2）は、日米の戦略の統合を象徴する節目となった。日米関係は真に軍事的な同盟ではなかったが、日本が新たな戦略と能力を得たことで米国の信頼に足る軍事的パートナーとなる。そのために日米は一体となって十分に調整して協力することが重要だ。

日本は反撃能力による攻撃に着手するために米国の諜報、偵察、標的設定、損害評価の能力に頼らねばならない。これほど動的で即時に日米が武力行使を調整するのはかつてなかった》

（2023年2月20日付『産経新聞』）

日本はこれまで中国、ロシア、北朝鮮の軍事に関する研究に及び腰だったし、反撃能力の保有も禁じていたので、反撃能力を運用する情報が圧倒的に不足、つまりインテリジェンス体制が不十分なのです。よって今回、日本が敵へ反撃しようと思えば、「米国の諜報、偵察、標的設定、損害評価の能力に頼らねばならない」というわけです。

もちろん、自前で諜報、偵察、標的設定、損害評価の能力を持とうとすることは大事です。しかし、より大事なのは「負けない」ことであり、脅威を低減させることです。脅威を低減させるために、同盟国であれ何であれ、なりふり構わず活用するのが、今の日本にとって必要な状況ではないでしょうか。

茂田：ご指摘の通りだと思います。アメリカは第二次世界大戦後、膨大な人材、資金、資源を投入して、現在のアメリカのインテリジェンス・システムを創り上げて来ました。これに対抗しうるようなインテリジェンス・システムを自前で創るのは、普通の国では基本的に不可能です。

だから、アメリカの同盟国にとっては、アメリカの優れたインテリジェンス・システムからどうやって情報を取り出すか——情報は〝お恵み〟ではもらえませんから、アメリカとギブ&テイクの関係をどうやって構築するか——が最大の課題なのです。レバレッジの高い国、つまりテコの力を持つ国（米国が欲しい情報を提供できる国）はそれに見合った情報がもらえ、レバレッジの効かない国はアメリカの言いなりになる。いわば「宛行扶持《あてがいぶち》」で、アメリカから「これ、あげる」と言われた情報の枠組の中でしか動けなくなってしまいます。

参考までに、最新のデータでは、アメリカ政府は2024会計年度のインテリジェンス（諜報）予算として1017億ドルの要求を出しています。これは現在の1ドル約140円の交換レートでいくと、日本円にして14兆円ぐらいです。

その中で、ナショナル・インテリジェンスが724億ドルで約10兆円、ミリタリー・インテリジェンスが293億ドルで4兆円強です。もちろんこれはシギント、イミント、ヒューミント全部込みです。

アメリカはこれだけの巨額のお金を毎年注ぎ込み、長い年月をかけてインテリジェンス・システムを構築してきました。たかだか2000億円や3000億円を短期間に投入したくらいでは、これに対抗できるようなシステムを作るのはまず無理です。

インテリジェンス能力がなければまともな反撃など不可能

江崎：先程触れたように、反撃能力を持つと言っても、どこに撃つのか、すなわち、目標をどう確定するのかの問題があります。具体的に言えば、対象国のミサイル、例えば、中国人民解放軍ロケット軍（中国人民解放军火箭军、People's Liberation Army Rocket Force）基地を攻撃目標にするとなった時に、ミサイルのサイロ（大型ミサイルを格納する建築物）、発射台、あるいは輸送の車両、移動式発射台などを衛星画像でまず把握することになると思います。そもそも衛星画像で把握できるかどうかの問題がありますが、それが把握できたとして何とかなるものなのですか。

茂田：そこが難しいところです。私のイメージでは、戦争遂行に必要なインテリジェンスのレベルは三段階ぐらいあるのですが、その一番細かい段階が、まさにターゲティングのための情報だと思います。

例えば近隣の大国のロケット軍をターゲティングするとして、いつどこにミサイルがあったという衛星画像情報を全て集めたとしても、そのロケット軍の全貌は分からないわけです。全貌を明らかにするには、画像情報自体も精緻なものが数多く必要ですが、それだけではなく、その軍の指揮系統を全部解明する必要があります。

つまり、まず軍団・師団・旅団・大隊などのロケット軍の組織編成を明らかにする必要があります。そしてその司令部がどこにあるのか、軍団レベルから、その下の師団・旅団・大隊レベルの司令部がそれぞれどこにあるのか。そこには直接ミサイルはないかもしれないけど、それらの位置を正確に把握しておかなければならない。攻撃されて、反撃する時に、ミサイルを撃った後の「もぬけの殻」のサイロ（格納庫）にいくら反撃を加えても意味がないわけです。

江崎：反撃するならやはり相手の司令部機能も狙うことになるかもしれない。場合によっては、そこが核兵器の基地のケースもあります。もし核基地を攻撃したなら、今度は「敵が先に核基地を攻撃してきたのだから、こちらが核で反撃するのは当然だ」という大義名分を相手に与えてしまう危険性がある。

茂田：そうです。例えば日本が独自に相手側の基地の所在地を把握していたとしても、全貌が分からないまま「とにかく撃ってしまおう」では、当然そうした事態も起こり得ます。相手側からすると「この基地は俺たちの大切な核抑止のための基地なのに、そこを攻撃するのか」となるでしょう。

部隊配置が正確に分かるということは、そこにあるのが核なのか、どんなミサイルを持っているのかはもちろん、どこを攻撃対象国としているのかまで分かることを意味します。例えば、ここはアメリカ本土攻撃、ここは日本本土攻撃、ここは○○方面攻撃など、全部分けてあるわけです。今、そうした情報はウィキペディアなどでも探せば出てきますが、それはあくまでもウィキペディアの情報です。確実に１００％の確信を持って、そうだと言えるものではありません。

江崎：例えば「基地が東京にあるから東京を撃つ」と言っても東京は広い。「東京の千代田区に軍事基地がある」と言っても、千代田区のどこにあるのかまで確定させていかなくてはなりません。その上で、本当にそこを攻撃することが反撃抑止力に繋がるのかという政治的効果をアセスメント（評価）する能力も必要になってくるわけです。

茂田：評価できなければいけない。先程挙げた部隊の軍の組織編成やどういう種類の弾頭があるのかなどを全て調べるのは、画像情報だけでは無理です。やはりシギント（信号諜報）で、ロケット軍の全貌を解明していかないと、本当のところは分かりません。そして、そこには膨大な作業があるわけです。

聞くところでは、近隣国のロケット軍は攻撃された場合の生存性を高めるために、トンネルを既に3000キロメートルぐらい掘っているとのことです。そうだとすると、中途半端な、いい加減な情報で打撃しても大したダメージは与えられません。どこが弱点なのかまで調べられるだけのインテリジェンス能力が必要なわけです。

江崎：ペンタゴン（米国防総省）が毎年、中国人民解放軍に関する軍事レポートを出しています（米国防省の議会への報告書「中国の軍事力・安全保障の進展に関する年次報告書（ANNUAL REPORT TO CONGRESS Military and Security Developments Involving the People's Republic of China）」）。それを読むと、中国共産党とはどういう組織で、どういう戦略を持っているか、その共産党の下で中国政府は何を考えているか、中国人民解放軍はどういう編成と運用思想で、どういうことを考えているかなど、多岐にわたる内容が記されています。軍のレポートでありながら、中国共産党や中国政府の体制、ドクトリン、国家目標、外交政策、産業政策、エネルギー政策等々の分析がなされ、どこが弱点で、どこを突かなければいけないかと精緻な報告がなされているわけです。あれでも全体の一部だと思いますが、それでも膨大な量です。それくらい相手のことを徹底的に調べ尽くさないと、有効な反撃などできません。

シギントなら「近未来の情報」も取れる

茂田：話を少し広くすると、ターゲティングと言っても、大きな戦争遂行の中の一部分でしかないわけです。そうすると、戦争遂行に必要なインテリジェンスとしては、ターゲティング自体で必要なインテリジェンスと、それよりも上のレベル、つまり相手側の作戦計画に関するインテリジェンスが必要だと分かります。

2023年4月、アメリカでマサチューセッツ州空軍州兵のジャック・テシェイラが機密文書をインターネット上に流出させたとして逮捕されました。彼の情報漏洩のお陰と言ってはなんですが、この事件を通じて、やはりアメリカは作戦計画に関する情報も持っていると確認できたわけです。漏洩情報を見ると、その作戦計画の部分、例えば、ロシアのウクライナ侵攻において、数日後にロシア側がウクライナのどこをどう攻撃するかという「近未来の情報」もアメリカは取っているのが分かります。

江崎：それはやはりシギントで、ロシアの通信を傍受して分析しているわけですね。

茂田：ほとんどがシギントだと思います。画像情報では将来のことは分かりません。シギントだから将来の計画が分かるわけです。

近未来の情報だけではありません。アメリカはもっと大きな、今回のウクライナ侵攻の全面的な戦争プランも取っていて、ウクライナにロシアの作戦計画を正確に教えていました。すなわち、ロシアのウクライナ侵攻の狙いがウクライナ東部だけにとどまらない、全面攻勢であること――首都キーウの北西の軍用空港を特殊部隊で占拠し、開戦から数日でキーウのゼレンスキー政権を潰すのがロシアの作戦計画であるというところまでアメリカは把握しており、ウクライナに提供しています。このように戦争では、ターゲティングのレベルだけでなく、更に上の作戦計画レベルのインテリジェンスも必要なわけです。

江崎：確かに敵基地の情報だけでなく、相手の作戦計画とその狙いまで事前に把握しなければ、有効な対応はできませんね。日本と台湾、中国との関係で考えた場合、例えば、台湾有事の問題に関して、中国側が日本のどこか人のいない山奥、または領海にいきなりミサイルを撃ってきた。でも、人的被害はなかった。そのミサイル攻撃が何を意味しているのかが分からなければいけません。中国側はその先の段階、すなわち日本の主要都市のどこかを全面攻撃して壊滅させる、あるいは、原発を攻撃するという作戦計画を立てているかもしれない。そうした相手の作戦計画が事前に分かって、その攻撃を受けたら我が国にとっては致命的だという場合には、当然、反撃しなければいけないわけです。いつ、どう反撃するのかを判断するための材料として、相手側の作戦計画や意図を正確に、しかも事前に理解しなければならない。

茂田：それも必要です。やられたから、とにかく反撃するというのではなく、相手がどう動いているかといった、相手の軍事行動の全体像を掴まないといけません。

ターゲティングに必要なのは「目の前の情報」ではなく「多層の情報」

茂田：更に戦争をするために必要なインテリジェンスはもう一段上があります。相手の政府の首脳の考えや国民の士気、要するに国がどう動いていくのかという全体像に関するインテリジェンスです。

今回のアメリカの州兵テシェイラが漏洩したとされるのは一部であり、全部が分かっているわけではありませんが、その漏洩情報を見ても、アメリカは多層的な非常に厚い情報を持っているのが分かります。

さすがにプーチンの直接の考えまでは出てきませんが、ロシアの国防省内部の動き、GRU（ロシア連邦軍参謀本部諜報総局）をはじめ、FSB（ロシア連邦保安庁）、SVR（対外諜報庁）など、いろいろなインテリジェンス機関の内部の情報もアメリカは取っている。そうしたところから構築し、手掛かりにして、ロシア全体が今、どういうふうに動いているのかを想定しながら、アメリカはウクライナを支援しているのです。

戦争には、ターゲティングなどの「目の前の情報」だけではなく、そういった「多層の情報」が必要なのです。

江崎：これまでは我が国は「必要最小限度」「専守防衛」といった言葉に縛られて、反撃能力も含めた、本来ならば自国を守るために必要な防衛力を持たないよう、一方的に自己規制してきました。

今回の安保三文書では、そうした規制を緩和して、「反撃能力を持つ」と踏み切っています。しかし、それはあくでもミサイルだけの話であって、相手の状況を知るためのインテリジェンス、つまり地図や画像情報、通信、電波情報などを取るための仕組は不十分なのですが、そうした「課題」があることはあまり知られていません。日本は今後、中国、ロシア、北朝鮮を始めとする国々の軍事動向などを総合的に判断するための情報分析体制を作らなければいけないわけですね。

茂田：その通りです。今回の安保三文書では兵器体系については、かなりいろいろな記述が出てきました。ところが、その兵器体系を使うためには、インテリジェンスの確固たるシステムができ上がっていなければいけません。

私が不安に思うのは、それに耐え得るインテリジェンス体制が日本で構築されているのかという点です。単純に人を増やせばいいという話ではなく、しっかりとしたインテリジェンスの枠組を作っていくことが、これからの日本にとっては非常に大きな課題だと思っています。

「反撃」に必要なデータはまだ集まっていない？

茂田：先程から出てきている「ターゲティング」について、改めて触れておきましょう。ターゲティングだけでも必要な情報は山ほどあります。

例えば、相手を攻撃する時に巡航ミサイルを使うとします。そのためには、巡航ミサイルの飛行経路を決めなければいけない。

巡航ミサイルの飛行経路を決めるには実に多くの情報が必要です。運よく相手の三次元の座標がピンポイントで正確に分かったとしても、それだけで巡航ミサイルが撃てるかと言えば、撃てません。巡航ミサイルは速度が遅く、着くまでに時間がかかるので、地形に沿って、なるべく迎撃されないようなコースを選ばなければいけないからです。そのため、相手の陸地の正確な三次元の座標データが必要になるわけです。上空の高いところを飛んでいれば、飛行速度が遅い分、一発でやられてしまうから、山の谷間を縫わせるなど、どこをどういうふうに飛行するのかが重要になってきます。

ところが逆に、相手側もそういう弱点のところには対空ミサイルや対空砲で防備を固めているわけです。そうすると、単なる三次元の陸地座標ではなく、そこに相手側がどういう対空陣地を敷いているかを全部把握したデータが必要なわけです。

これはジオイント（GEOINT：Geospatial Intelligence、地理・空間諜報）と言って、アメリカではNGA（National Geospatial-Intelligence Agency、国家地理空間諜報庁）が担当しています。そこのデータを基に、飛行経路が決まるわけです。

例えば、巡航ミサイルの最新型トマホークの基本的な誘導方法は、洋上ではGPSと慣性航法ですから、簡単です。一方、陸上では、レーダーで陸地の地形の三次元情報を取りながら、自分の持っているデータと照合して、コースを選んで飛んで行き、最後は、標的の画像をデータと照合して打撃する。だから、非常に正確な打撃ができるわけです。逆に言えば、これは全部、そういう地形や標的の正確なデータがないとできないということです。

江崎：そうしたデータがないとできないとのことですが、我が国にはそれはあるのかと言うと……。

茂田：それは多分ないです。

江崎：反撃能力を想定していなかったので、多分、防衛省・自衛隊はそういう相手国の情報取集と分析さえさせてもらえなかったでしょうから、これからやっていくしかないわけですね。しかもトマホークが運よく標的に当たったとして、それで本当に相手にダメージを与えられるのかという問題もあります。トマホークの打撃力はそれほど強くありません。それが一発当たったからと言って、相手は追加の攻撃能力を失うのか。どれくらい有効なダメージを相手に与えられたのかという評価の問題もありますよね。

茂田：ダメージアセスメントもしなければいけないわけです。そのダメージアセスメントをするためのインテリジェンスは画像でするにしても、やはり画像衛星の数が問題になってきます。衛星は多ければ多いほどいい。それだけ頻繁に撮影できるわけですから。

また、最新型のトマホークは飛んでいる途中で標的が変えられます。例えば、相手のTEL(Transporter Erector Launcher、輸送起立発射機)を攻撃しようとしてトマホークを発射した。

しかし、そこで相手のTELが動いてしまったという情報が入ったとします。日本の情報力では難しいと思いますが、アメリカはそうした情報を取って、それを飛行中のトマホークにどこへ行けと、途中で衛星データリンクを使ってコマンドを出せるわけです。

単純なターゲティングだけを考えても、そうしたトータルの情報システムは今、ものすごく進化しているのです。

更に付け加えると、当方が反撃能力を使用する場合に、当然、標的に優先順位を付ける必要があります。それには、相手のミサイル部隊が警戒態勢にあるのか、攻撃準備態勢に移行しているかなど、相手の部隊の態勢についての情報も必要でしょうし、江崎先生も先程お話しされたように、相手国の作戦計画、意図、攻撃目標などの情報も必要でしょう。更に、反撃も、戦況全般、戦争遂行全般との関連で実施することになるわけですから、相手国首脳の動向や考え、相手国の戦争計画の全体像、対象国の全体像などの情報も必要です。反撃能力を考えただけでも、多くのインテリジェンスが必要です。

日本は本当に「自前でやる」覚悟があるのか

江崎：安保三文書で日本は今まで持ってこなかった反撃能力を持つと決めたわけですが、いかんせん、相手に関する情報の蓄積がない。つまり、情報の蓄積から始めなければいけないのですが、幸いにも同盟国はその情報を持っているわけですから、それをどう引き出しながらやっていくのか。

また、相手のミサイル発射台から日本が攻撃された場合、反撃でそこを撃てばいいといった単純な話ではなくて、次の攻撃は別の地点からなされる可能性があるわけです。相手が一カ所からずっと日本を攻撃してくれれば楽ですけど、そんな甘い話はありません。次はどこから日本を攻撃してくるのか、どこを狙おうとしているのか、相手側の運用がどうなっているのかなど、総合的な分析をしていく必要があります。ところが、実はこの安保三文書はその点がものすごく薄い。

茂田：そう、薄いんです。どなたかが考えてくださっているとすればありがたいのですが。

江崎：考えてはいると思うのですが、そこまで厳しく詰めて考えきれているかどうかですよね。このターゲティングの話ひとつとっても、アメリカと頻繁に協議しながらやっているならいいのですが、それができているのか。

日本は「自前でやるべきだ」との考えが強すぎるとも感じています。もちろん、僕は本来的には自前でやるべきだし、それを目指すべきだとは思っていますが。

茂田：正直言って、元防衛省高官が「自前で打撃できなければ駄目だ」と発言したとの報道に接して、私も愕然としたのです。

自前でやると言うからには、兵器も自前で作れば、インテリジェンスも自前ですよね。まさか、アメリカが戦後、莫大な時間、資金、人材、そして技術をかけて作ってきたインテリジェンスを、日本がそう簡単に持てると思ってはいませんよね、と訊いてみたい思いです。

江崎：このターゲティングに関わるインテリジェンスだけに限っても、野球にたとえれば、アメリカが大リーグのチームなら、日本は多分、小学校の野球チームにもまだなっていないぐらいですよね。

茂田：リトルリーグまでいっているかどうか。

江崎：これは決して日本をけなしているわけではありません。日本は2022年12月まで反撃能力を持ってはいけないとされていました。よって防衛省・自衛隊は、そうしたインテリジェンス、体制を構築させてもらえなかったわけですから、ある意味、インテリジェンス能力が弱いのも当然なのです。

茂田：多分、それを〝闇〟で始めていたら、すぐ叩かれたでしょう。

江崎：きっと、叩かれました。我が国は防衛省・自衛隊の人たちの手足をがんじがらめに縛ってきましたからね。しかし、国家として反撃能力を持つと決断した。であるならば、ミサイルなどのハードの部分だけではなく、インテリジェンスも同時に構築していかなければならないわけです。では、そのインテリジェンス能力とはどういうものなのか、どのような政府機関がどのようなことをしているのか。次章では、アメリカを例にもう少し詳しくお話を伺いたいと思います。

第二章 アメリカのインテリジェンスに学べ

CIAの「特別工作」とは？

江崎：前章では、日本が2022年12月に国家安全保障戦略などを閣議決定し、戦後初めて「反撃能力」を持とうと決めたのに関連して、反撃する際の「ターゲティング」、つまりどこを撃つのか、また、撃つことで何を勝ちとろうとするのかを考える上で、相手の作戦計画の全体像を把握するインテリジェンス能力が必要だという話になりました。

本章では、まずアメリカにはどういうインテリジェンス機関があって、何をしているのというあたりからお伺いしたいと思います。

茂田：アメリカのインテリジェンス全体が、もちろんターゲティングにも関わってくるわけです。ここでは、アメリカのインテリジェンスがどうなっているかを、国家レベルでのフォーリン・インテリジェンス（Foreign Intelligence）、すなわち、対外諜報に絞って話します。

アメリカの対外諜報の枠組の中では、次の四つの大きな分野があります。

（1）ヒューミント（HUMINT：Human Intelligence、人的諜報）
（2）シギント（SIGINT：Signals Intelligence、信号諜報）
（3）イミント（IMINT：Imagery Intelligence、画像諜報）
※現在はジオイント（GEOINT：Geospatial Intelligence、地理・空間諜報）と呼ば

れている。

（4）マシント（MASINT：Measurement and Signature Intelligence、計測・特徴諜報）

この四つの分野について順番に紹介していきましょう。

一つ目のヒューミント、つまり人間による諜報を主体としているのは、CIA（Central Intelligence Agency、中央諜報庁。一般には「中央情報局」と翻訳されている。本書で使用する訳語については20ページ「用語について」参照）です。CIAはインテリジェンスの代表みたいな組織ですから、皆さんも名前は御存知だと思います。

ところで、インテリジェンスとは何かと言うと、一般的な教科書には「国家安全保障にとって重要な特定類型の情報についての要求、収集、分析、政策決定者への提供のプロセス」（マーク・M・ローエンタール『Intelligence：From Secrets to Policy』）などと説明されています。これだけ見ると、インテリジェンス機関というのは、何か国際情勢についての調査分析機関のような印象を受けますが、違います。まず「特定類型の情報」ということで、つまり主にヒューミント、シギント、イミント、マシントという手法を使って、組織的に大量に情報を収集する。そして、相手国からすれば違法行為とされる手法も厭わないという点が違います。

更に異なるのが、いわゆる特別工作や積極工作などと呼ばれる活動です。

国家間の関係は、外交関係と戦争だけがあるのではなく、「外交以上、戦争以下」の領域があります。外交で問題が解決できない場合に、いきなり戦争というわけにはいきません。相手国の政党の有力者に裏工作を掛けたり、世論に影響を与えたり、武器や資金を提供したり、場合によっては、暗殺したり、武装蜂起をさせたり、クーデターを起こさせたり、様々な活動があり得ます。戦争をするよりはコストが安いからです。

このような活動は、旧ソ連やロシア、中国が得意とする活動分野です。米国のCIAもかつてはこういう活動を相当やっていたのですが、最近は民主主義の観点から抑制されてはいます。しかし、止めたわけではなく、今でもそこそこ行っています。ヒューミントには、程度の差こそあれ、こういう特別工作が含まれるのです。

情報プロダクト（報告）についてお話しすると、CIAの情報報告は「オール・ソース・インテリジェンス」です。情報プロダクトの素材として、ヒューミントだけではなく、シギント、イミント、マシントなど、全てのインテリジェンス資料を使って、作成します。そこで「オール・ソース（全ての諜報源）」と言われるのです。

「セキュリティ」は「安全保障」ではなく「シギント」

茂田：二つ目のシギントをやっているのは、NSA（National Security Agency、国家安全保障庁）です。

ちなみに、このNSAの名称にある「Security」は「安全保障」と訳されていますが、実は米軍では「シギント」のことを意味します。つまり、「National SIGINT Agency」とは言いたくないので、「Security」というカバーネーム、一種の〝隠れ蓑〟を使っているわけです。アメリカの陸海空軍も含めて「Security」と名乗っている組織は、結構、シギントをやっている場合が多いのです。

江崎：なるほど（笑）。シギントとは、有り体《あ てい》に言えば、相手国の電話を盗聴したり、ハッキングを含めて相手国のいろいろな通信情報を相手国の了解を取らずに傍受したりして、それを蓄積し分析する「盗聴機関」のような存在ですからね。

茂田：そうです。だからこそ、秘密にしなければいけない（笑）。

江崎：第二次世界大戦中のルーズベルト政権の時からトルーマン政権の時にかけて、アメリカ陸軍のシギント機関がヴェノナ作戦と称する、ソ連の暗号解読作戦を実施していました。その記録文書である通称「ヴェノナ文書」が1995年にアメリカ政府の手によって公開されたことで、結果的にルーズベルト政権の中にソ連のエージェントが大勢いた実態が明らかになりました。このヴェノナ文書の公開によってアメリカでは、第二次世界大戦を巡る歴史の見直しが起こっているわけですが、このヴェノナがNSAの……。

茂田：〝先祖〟に当たります。

江崎：まさしく〝先祖〟です。その意味で、ヴェノナ文書はインテリジェンスについて考える際の基本資料だと言えます。ヴェノナ文書とＮＳＡ、シギントとの関係を多くの人は知らないのですが。私が中西輝政先生たちとこのヴェノナ文書を研究していた際も、我々は「アメリカのシギント情報機関の発展がどのようになっているのか」という観点で調べていました。

茂田：正確に言うと、ヴェノナは、ソ連の暗号通信の解読作戦に付けられたコード名です。当時のソ連本国と在外公館との通信方法の一つが、国際商用通信ですが、これは当局が簡単に入手できるので内容を秘匿するために暗号を掛けます。この暗号を使用したのは、在米の、ＫＧＢ、ＧＲＵ、海軍ＧＲＵ、ソ連外務省（以上は、在米大使館や領事館を拠点として活動）、「アムトルグ」貿易会社、在米ソ連政府物資購買委員会などです。

解読対象となった中心は、１９４２年から１９４６年初めまでの通信です。解読は部分的ですが、ソ連のエージェントのコード名が出てきたりするので、ＦＢＩと当時の陸軍のシギント機関ＡＳＡ（陸軍安全保障庁）が協力して分析して、ソ連のスパイ多数を特定できたのです。

更に付け加えると、ヴェノナの前に、第二次世界大戦の前から、日本の外交暗号は解読されていました。

米国は、１９１９年に主として国務省が費用を負担して「ブラックチェンバー」という秘密の民間暗号解読機関を作ります。当時の日本の外交暗号は高度ではなかったので、簡単に解読できたようです。１９２０年から１９２１年のワシントン軍縮交渉で、日本代表団の通信が全て解読されていたのは有名な話です。１９２０年代の日本の外交暗号は20種類以上あるのですが、ほとんど解読されていました。

ところが、「ブラックチェンバー」は1929年に当時の国務長官の意向で廃止されてしまいます。他方、1930年、陸軍がシギント（コミント）機関を発足させ、日本の外交暗号の解読に取り組んでいます。日本外務省は1935年に機械式暗号機「A型暗号機」（レッド）の運用を開始しますが、1937年には陸軍のシギント機関に解読されています。

また、後継機の「B型暗号機」（パープル）は1939年に運用を開始しますが、これも1940年末には解読されています。第二次世界大戦開戦前に日本外務省の暗号通信が解読されていたのはこれも有名な話です。また、この他に日本外務省は暗号書を使った旧来型の暗号も使っていたのですが、こちらも解読されていました。

それに、日本海軍の暗号も解読されていました。日本海軍の暗号解読は、第二次世界大戦の直前に始まったのではなく、アメリカは第一次世界大戦後から継続的に日本海軍の暗号を解読しています。

まず、米国海軍の情報部が、1922年に1回、1926年から1927年の間に1回、合計2回ニューヨークの日本領事館に侵入して、海軍武官用の暗号書を盗写しています。海軍のシギント（コミント）機関は、この海軍武官用の暗号書の盗写と、理論分析を駆使して1920年代、1930年代と海軍暗号を断続的に解読しています。

また、帝国海軍は1939年に新しい暗号、海軍D暗号の運用を開始したのですが、これも開戦直後の1942年1月には解読されました。

こういう連綿と受け継がれてきた暗号解読の伝統の下にあるのがNSAなのです。

なお、海軍情報部は、1930年代後半にもニューヨークの日本領事館に侵入して、今度は、外交暗号書を盗写して、こちらは陸軍のシギント機関に提供しています。

江崎：要は、インテリジェンスの戦いで日本は敗北したわけです。言い換えれば、インテリジェンスを重視したアメリカは本当に見事なものです。

茂田：実に見事です。

暗号解読についてお話ししてきましたが、実は、シギント分析の重要な技法はもう一つあります。通信状況分析（Traffic Analysis）という技法です。

これは通信文の内容は分からなくても、通信の外形的な状況、つまり何日何時何分にどこからどこへ通信がなされたかを大量かつ精緻に分析することによって、暗号解読にも劣らない情報を取り出す技法です。これは次章で説明しますが、シギントと言うと、イコール暗号解読と考える人が多いので、ここで指摘しておきたいと思います。

また、シギントの情報プロダクト（報告）は、「シングル・ソース・インテリジェンス」です。シギントから得られた素材を基に情報報告を作成します。基本的にシギント情報のみに基づく情報報告なので「シングル・ソース（単一の諜報源）」と言うのです。

情報報告は、大統領をはじめ政府高官その他のインテリジェンス消費者に配布されます。米国でも、NSA発足直後は、NSAにシギント情報を情報プロダクトとして配布を認めるかどうか、「オール・ソース・インテリジェンス」の素材情報として使えば良いではないか、という争いがあったのですが、独立した情報プロダクト「シングル・ソース・インテリジェンス」として消費者への配布を認めることで決着が着きました。

シギント情報には極めて重要なものがありますし、また、速報性に優れた情報が大量にあります。独立した情報プロダクトとして配布を認めないと、シギントの良さが活かされないからです。

他方、シギント情報は国家の最高機密ですから、その秘密区分は、米国では基本的に全て「機密」(TOP SECRET)です。ヒューミント情報やイミント情報は、基本的に「極秘」(SECRET)ですから、それだけシギントの秘匿性が重要視されているのです。

私は主としてNSAに関心があるので研究しているわけですが、研究すればするほど素晴らしいシステムだなと思います。合理的です。シギントとNSAについては、また後で触れましょう。

ジオイントでターゲットの全ての行動が筒抜け

茂田:三つ目のイミント・画像諜報ですが、現在アメリカはこれをレベルアップさせて「ジオイント(地理空間諜報)」と呼んでいます。

NGA（National Geospatial-Intelligence Agency、国家地理空間諜報庁）が行っているジオイントは、これまでの画像情報にプラスして、地球の地理環境、要は三次元座標の地図に全部盛り込んで、様々な情報を地図上にデータとして紐付けるインテリジェンスです。

江崎：それは、二次元の画像情報を三次元にして、世界中の地理情報を全部、リアルに把握しているということなのですか。

茂田：それ以上です。彼らは「マルチ・イント」と呼んでいますが、地図には画像情報以外の、シギント、ヒューミント、マシント、公開情報なども含めて、必要な関連データを全部紐付けるというのが彼らの構想です。なぜ「マルチ・イント」と呼ぶかというと、CIAの「オール・ソース・インテリジェンス」でもなく、NSAの「シングル・ソース・インテリジェンス」でもなく、三次元の地理情報にマルチの多様な情報を紐付けるという意味です。これは戦争する時に一番役立ちます。

江崎：例えば、我が国で言えば、首相官邸の何階にどの部屋があって誰がいて、何階のどの部屋には普段は誰がいて、といった情報なども全部データとして地図に載せているという話ですか。

茂田：そういう構想だと思います。実際に私はその情報を見たわけではないので、どこまで進捗しているか分からないのですが、地図に関連情報を全て結びつけようとする構想です。

江崎：北朝鮮について専門家の人たちと話をしている時、米軍は、金正恩《キムジョンウン》がどの地域の、どの建物の、どの階の、どの部屋にいて、彼がどういう経路で移動して、車に乗る時や列車に乗る時はどういう移動形態で行うのかまで分析して把握して、対応できるようにしているとは聞いたことがあります。ジオイントがなければできないことですよね。

茂田：金正恩の行動追跡は間違いなくやっていると思います。だから、金正恩は怖いわけです。アメリカが先制攻撃でミサイルを撃ってくれば、核ミサイルのように巨大なものでなくても、もしかすると自分がいる所が一発でやられてしまうかもしれないと。

江崎：そういうレベルまで米軍はやっているわけですか。

茂田：やっているということです。

江崎：恐ろしい（笑）。日本はまだ画像情報ですよね。

茂田：そうだと思います。私が離任した後、どこまで進んでいるかは知りません。進んでいれば素晴らしいのですが。アメリカも最初はイミントでしたが、地図とデータと全て合体させるという構想があり、それで自分たちがやっているのは「ジオ・イント」だと言い出したわけです。

江崎：あるアメリカ人と話をしている時、半分脅かされ気味に、「2019年11月○日の○時に、君は○○にいたよね。アメリカはそういう発想で情報収集をやっているのだ」と言われました。

茂田：それは間違いないと思います。

江崎：非常に驚いて、どうしてそんなことが分かるのかと聞くと、「詳しくは言えないけれど、携帯電話から通信ネットワーク、監視カメラ、クレジットカードの履歴などから、全部総合してそういうふうに特定するのだ」と。「僕なんかを見るのか？」と質問すると、「あくまで例えばの話だ」と言われましたが。

茂田：携帯電話の位置情報やクレジットカードの使用情報までいくと、シギントの力が必要になってきます。

江崎：そういうことをやり始めているんですね。

茂田：やり始めているというか、2013年のスノーデン漏洩情報によれば、シギント機関のNSAには既に「フォロー・ザ・マネー」（Follow the Money）というプログラムがあって、世界中のカネの流れを全部把握するとしています。SWIFT（※1）（Society for Worldwide Interbank Financial Telecommunication：スイフト、国際銀行間通信協会）と言われる国際送金決裁システムは、公式にもアメリカは犯罪対策としてSWIFTからデータを一部入手しているとされていましたが、実はそのシステムをハッキングしてデータを裏から全部取っていた実態があります。

江崎：それがあったから、アメリカは、ウクライナ戦争が始まるとプーチンと側近メンバーたちの金融資産の口座の差し押さえを即座にできたわけですね。

茂田：ええ。そうしたフォロー・ザ・マネープログラムで、世界のカネの全体の流れを把握しているのです。銀行間送金だけでなく、クレジットカードも使った瞬間に定型フォーマットでデータが流れるので、それもタッピング（覗き見）しています。世界のクレジットカードの決済状況はどうなっているのか、データを収集して、巨大データベースを作っているわけです。

江崎：ウクライナ戦争の前後でロシアとプーチン側に好意的な言論を流す人たちが何人かいました。そのうちの一人について、米軍の情報部門の関係者が、「彼はウクライナ戦争前にモスクワに行っているのだけど、クレジットカードを使った履歴がない。クレジットカードを使わずにホテルに宿泊できない以上、彼は誰かのカードでホテルに泊まったんだろうが、それは誰のカードなんだろうかね」と言ったのです。

茂田：そういう分析もできて、やっているということです。

江崎：全世界に対してそうした情報収集をやっているから、どこをどう突けば、確実に相手は黙るのかが分かる。その能力がターゲティングにも繋がっている。アメリカ軍はそうしたインテリジェンス能力をもって、情報ネットワークを運用しているのですね。

茂田：そういうことです。ＮＧＡの設立事情については、また後程触れます。

ミサイル発射を探知して種類まで特定

茂田：四つ目のマシントはMeasurement and Signature Intelligenceの略で、一般的には「計測・

※1　ＳＷＩＦＴ：銀行など金融機関を結ぶ情報通信サービスの運営団体。１９７３年に世界の銀行など金融機関が出資し、協同組合形式で発足した。本部はベルギーにあり、国際送金を事実上一手に担う。１万以上の世界の金融機関がＳＷＩＦＴの標準化された通信フォーマットを利用して日々大量の決済業務等を行っている。

痕跡情報」と翻訳されていますが、私は正確に「計測・特徴諜報」と訳しています。担っているのは、国防総省の軍諜報機関ＤＩＡ（Defense Intelligence Agency、国防諜報庁）です。

マシントは、相手や対象物が出す種々の放射線、化学物質、電磁波、光、音など、とにかく発するもの全部が把握の対象で、その把握した特徴からインテリジェンスを取るというものです。

一番典型的なのが、ミサイルの発射探知ですね。いわゆる早期警戒衛星で、前章でお話ししたＳＢＩＲＳ衛星です。現在では、赤道上にある静止衛星ＳＢＩＲＳ－ＧＥＯ６基ぐらいと、モルニヤ軌道上にある衛星ＳＢＩＲＳ－ＨＥＯ３基が、常時地球の表面を監視していて、ミサイルが発射されればその際に出る赤外線を探知して、ミサイルの種類まで特定できるそうです。

核実験は、当初は地上でやっていたので、どこでやっても、早期警戒衛星で爆発を探知できていました。ところが、だんだん地下で核爆弾を爆発させて実験するようになったので、早期警戒衛星では探知できなくなり、核爆発による地震波で探知するようになりました。そのため、アメリカは世界中に地震探知網を作ったのです。まあ、地震探知網というよりは、地下核実験探知網です。

また、ミサイル発射や核実験の探知だけではなく、ミサイルや核爆弾の性能を把握するためのシステムも作っています。ＲＣ－１３５コブラボールとかＷＣ－１３５コンスタント・フェニックスというデータ収集機、ミサイル追跡艦、各種のレーダーなどです。

更に、潜水艦の探知追跡システムも作っています。核ミサイル（ＳＬＢＭ）を積んだ戦略原子力潜水艦や、攻撃型潜水艦を探知するために、ソナーによる音響監視システムがあります。海中に固定されたソナー（SOSUS）や艦船で引っ張る曳航ソナー（SURTASS）からなります。また、対潜哨戒機もあります。

こういうものをマシントと言います。

江崎：中国、ロシアの潜水艦の動向については、日本の海上自衛隊も対潜哨戒機《たいせんしょうかい》を飛ばしてかなりの情報を収集しているわけで、日本もマシントについてはかなり力を入れていますね。そして情報の世界はキブ&テイク。日本の自衛隊もそれなりの情報収集をしているから、米軍とも情報のやり取りが成り立っているわけです。

日本のインテリジェンス体制をどう強化していくべきか？

江崎：対外インテリジェンスの四つの分野のうち、日本にはどれがあって、どれがないのですか。

茂田：何をもって「ある」とするかの基準によります。四つの分野を全くやっていないのかと言えば、四つともそれなりにやっているということになるでしょう。しかし、アメリカの四つのシステムと対比した上で、「やっている」と胸を張れる組織があるかどうか。歴然と、非常に厳しいギャップがあるわけです。

対外諜報の四つの分野を担当する
アメリカのインテリジェンス機関

江崎：しかし、そのギャップを埋めていかないといけませんよね。

茂田：その通りです。

江崎：埋めていくに当たって、まず、どこから始めていけばいいと思われますか。

茂田：私が思うに、まず強化すべきはシギントであり、次にイミントでありマシントです。

四つの分野でよく議論されるのはヒューミントですが、私からすると、対外ヒューミントは我が国では始めるのも難しく、人命のリスクも高いので大変な作業だと思います。

江崎：アメリカのインテリジェンスというと、ヒューミントを担当するＣＩＡをすぐに思い浮かべるのですが、まずは、シギント強化の方が先決だということですね。

茂田：はい。そうです。

政府の要望にも軍の要望にも応えられるインテリジェンス体制

茂田：アメリカの体制を見ると、例えばＮＳＡはナショナル・インテリジェンスです。基本的には大統領、そして政府全体のためのインテリジェンスです。

江崎：ナショナル・インテリジェンスとは、大統領、ホワイトハウスに直属している、という意味ですね。

茂田：そうです。では、軍のインテリジェンスはどうなのか。

ＮＳＡはもちろん軍も支援しますが、中心となるのはＣＳＳ（Central Security Service、中央安全保障サービス）です。ＣＳＳとは、いわば各軍のシギント組織の指導調整機構です。

アメリカではＮＳＡの他に、陸海空軍、そして海兵隊の各軍にも、それぞれ軍としてのしっかりとしたシギント部隊があります。しかし、これらの組織の活動やシステムがバラバラでは非効率です。データフォーマットの共通化やシステムの互換性が必要です。また、シギント・データが共有される必要があります。そこで、各シギント部隊を束ねる組織機構が必要だということになり、１９７２年にＣＳＳが設置されました。

江崎：データフォーマットやシステムの互換性などがバラバラでは困る。これは現在の日本のインテリジェンス機関の大きな課題です。

茂田：最初は「ＮＳＡと一本に統合しろ」といった意見もあったのですが、「ＮＳＡに統合されてしまえば、戦争の際に俺たちの言うことを聞くシギント部隊がなくなってしまう」と各軍が反対しました。そこで妥協案として、各軍はそれぞれ独自のシギント部隊を保持し続けるが、一方で指導調整機構が必要だからと、その役割を担うＣＳＳが誕生したのです。

ＣＳＳのトップは、実はＮＳＡの長官が兼任しています。また、ＣＳＳはＮＳＡ本部施設にあります。だから、ＮＳＡとＣＳＳは、組織としては別だけれども、実質的には一体化して融合しているわけです。

つまり、アメリカは、国家としてのインテリジェンスのニーズに応えるＮＳＡと、各軍の作戦情報のニーズに応える各軍シギント部隊を指導調整するＣＳＳを作った。そうすることで、国家的情報の要望にも応じ、軍事作戦の要望にも応じる、二重の機能を持った組織を作ったのです。ＮＳＡの公式記録を読んでみても、この体制は非常にうまくいっていると高く評価されています。

実質的に一本化しているＮＳＡとＣＳＳに似たような機能を持っているのが、ＮＧＡ(National Geospatial-Intelligence Agency、国家地理空間諜報庁)です。

ＮＧＡはＮＳＡをモデルにして作られました。最初からＮＳＡとＣＳＳを統合したような機能を有する組織を作ろうとしたのが、出発点だったようです。ＮＧＡの公表資料を読むと、１９９６年のＮＧＡ開設当初からナショナル・インテリジェンスと、各軍の戦闘支援をやると、二本柱としてはっきりと打ち出されています。
つまり、アメリカではジオイントに関しては、NGAという一機関がシギントのNSA／CSSの機能を担っています。もちろん、陸海空軍、海兵隊の各軍にも、作戦を支援するジオイント絡みの部隊があるわけです。
江崎：翻《ひるがえ》って、我が国の体制はどうですか。
茂田：私も最近の情勢はよく分かりません。公表資料を見る限りでは、そうした組織ができたとはどこにも書いていないので、不安に思っています。
江崎：それは、自衛隊としてはシギントを扱う機関があるけれど、国家としてはその機能が弱いという意味ですか。
茂田：というより、防衛省の情報本部がバトルサポート、戦術的な作戦を支援するような構造にしっかりとなっているのだろうかと心配になるのです。
江崎：防衛省の情報本部は、バトルサポート、つまり軍事作戦を支援するための機関ではないのですか。
茂田：防衛省情報本部の規定を見ても、私が読んだ限りではそうは書いていないのです。
江崎：防衛省なのに。
茂田：ええ。むしろ、政府および防衛省のニーズを満たす情報組織として説明されています。
それにもまして問題なのは、日本の陸海空の自衛隊にシギント、イミントの統合組織ができているのかどうかです。
無人偵察機を導入しているので当然、シギント・データやイミント・データを収集するシステムは標準セットに入っているでしょうから、データ自体は取れていると思います。しかし、取ったデータをどこで、どういうふうに統合し、分析しているのか。これは、ぜひ自衛隊の方にお聞きしたいところです。

日本は政府も自衛隊もインテリジェンス軽視

江崎：シビアな見方をすると、自衛官は3年ぐらいで部署が変わりますよね。インテリジェンスに関する専門家が育ちにくいし、専門家を育てるための人事制度にもなっていない。予算もそれほどあるわけではない。よって画像情報、通信情報など様々な情報を統合しながら、一つのインテリジェンス・プロダクトを作っていく機能は非常に弱い気がします。

茂田：そこが不安なのです。米国の場合は、ナショナルレベルの他に、各軍にトップレベルのインテリジェンス組織がしっかりあって、そこに戦場におけるタクティカルな作戦情報の支援組織もある。指揮系統に沿って陸海空軍、海兵隊の全てに巨大なインテリジェンス組織があるわけです。これらはナショナル・インテリジェンスの予算とは別に、ミリタリー・インテリジェンスの予算がついています。

2023年春にマサチューセッツ空軍州兵のテシェイラによる情報漏洩が注目されましたが、彼は第102インテリジェンス・ウィングという旅団級の組織に属していました。その組織はラムシュタイン（ドイツ南西部にある欧州最大のアメリカ空軍基地）のアメリカ欧州空軍をサポートするインテリジェンス部隊だそうですが、それだけで確か1300人ぐらいの人員がいます。アメリカ欧州空軍を支援するだけでも、1300人もの部隊がマサチューセッツにいるわけです。

江崎：それと比べると、例えば日本の陸上自衛隊中央情報隊の人員は……二桁《けた》とは言いませんが、多分二桁プラスアルファぐらいだったような。

茂田：第102諜報ウィングが1300人くらいいると言っても、欧州空軍を情報面で支援するだけでそれだけの人数です。多分、太平洋の日本にいる第5空軍などを含めて、これらを支援するインテリジェンス部隊がまだ他にもあります。しかも、それは州兵レベルです。米空軍全体のインテリジェンス組織としては第16空軍（※2）という組織があるように、海軍では第10艦隊、陸軍はINSCOM（諜報・安全保障司令部）と各軍にも巨大なインテリジェンス組織があるわ

※2　第16空軍：情報収集と分析、監視、偵察、サイバー戦・電子戦のオペレーションなど情報戦を担当するアメリカ空軍の組織。本部はテキサス州サンアントニオ・ラックランド統合基地にある。2019年10月11日、電子戦・情報戦・サイバー戦を担当する第24空軍と、戦闘行動に必要な情報の収集・監視・偵察などを担う第25空軍が、第16軍に統合され、空軍の情報戦部隊として強化された。

けです。

江崎：要は自衛隊の中にも、そういったそれなりのインテリジェンスの規模・人数・予算が必要だという問題が一つあります。

茂田：間違いなくあります。

江崎：もう一つは、専門家集団を作らなければいけないという課題です。言い方は悪いのですが、自衛隊も日本政府自体もインテリジェンス軽視です。

2010年、陸上自衛隊にインテリジェンスを専門とする「情報科」を新設したのはいいけれど、やはり「情報科は出世できない」と言われてしまい、皆、そちらの方面に行きたがりません。そもそも情報職種を育てるためのコースとしてのキャリアパスもない。専門家を育てようという動機がないので、いろいろな仕事を全部させてしまうわけです。専門家としての分析能力を身に付けるためには、現状の人事制度にも問題があるような気がします。

茂田：私が防衛省で勤務していた時は「専門家を作らなければ駄目ですよ」という話をしていました。離任してから大分経った後に、たまたま自衛隊の幹部とお話しした際に、「茂田さん、情報職種ができましたよ」と得意気に言われたのですが、単に情報職種ができただけでは真の専門家は育ちません。

情報各分野を2～3年毎に異動していては、シギントの専門家など育ちません。本当のシギント専門家を育てたいのであれば、シギント一本で大佐までは昇任できる人事が必要です。米軍では、シギント将校はシギント一本で大佐まで昇進できます。

江崎：通信を傍受して、膨大なデータを処理して分析し、プロダクトを作り出すには、相当な能力と経験を要しますよね。

茂田：2018年に任命された、現在のNSA長官の日系人ポール・ナカソネ（※3）は、まさにシギント将校で、しかも陸軍大将です。アメリカではシギント専門でキャリアを重ねて、大将になれるのです。

アメリカ軍全体では大将は数十人いますが、その中でもやはりNSA長官兼サイバー軍司令官、大将というのは非常に格が高いわけです。

江崎：日本ではそれに匹敵する人は誰になるのですか。

茂田：そんな人はいないですよね。

江崎：アメリカではシギント将校を大将にし、NSA長官にまでするのに対して、日本はそうはしていない。やはり人事の面からも、日本が情報を、インテリジェンスを重視しているかどうかが見えます。

※3　ポール・ナカソネ大将は2024年2月2日付でNSA／CSS長官、サイバー軍司令官を退職。後任は米空軍のティモシー・D・ホー大将。

専門家集団を作り、官邸と直結させるべき

茂田：私の体験からすると、情報職種を作って、情報各分野だけを長年渡り歩いて偉くなった人でも、シギント一本でなければ、シギントの専門家にはなれません。

江崎：それはなぜですか。

茂田：それだけシギントの専門性が凄まじく高いからです。各インテリジェンスの中でもシギントの専門性は格段に高い。

米国では、シギント将校が、シギント一本で上位階級に昇任できるとお話ししましたが、それでも専門性としては不十分なのです。そこでNSAの長官は軍人ですが、NSA職員の中核はシビリアンが占めています。シビリアンとしての専門家の採用と人事でなければ、十分な専門性が確保できないからです。

私は、イミントよりもシギントの専門性の方が高いと思います。

江崎：画像でもかなりの能力と経験値が必要だと聞いたことがあります。アメリカ軍や他国の軍と連携して分析しないと、それなりの成果は出せないと聞きました。

茂田：私のイメージでいくと、画像を分析する人には、基本的にターゲットに対する幅広い知識が必要です。画像自体には説明などは何も書かれていないわけですから。

画像から何を読み取るかは、画像と画像周辺の一般的な知識や公表資料を含めて、どれだけ

広い知識を持っているかによるわけです。画像から読み取れる情報はその知識の量によって変わってきます。そういう一般的な知識も必要なら、システムの発展に伴ってシステムに関する知識も必要です。そして、情報データ処理の技術力は欠かせません。今はデータ処理技術が日進月歩です。

例えば、アメリカの雑誌などを読むと、アメリカの画像能力は、その場で人が絶え間なく動いているのを、あたかも映像のように撮れるという話が頻繁に出てきます。私も実際に知らないので全くの推測ですが、おそらくこういうことだろうと思います。

本来、イミント衛星は高速で移動しているので、一つのイミント衛星で一つのターゲットを撮影し続けることはできません。そこで、複数の衛星で一つのターゲットを数多く撮影する。その中には解像度の低い商用衛星も含まれるでしょう。そうして、画像と画像の間に空白の時間があっても、画像の解像度に格差があっても、そのデータを一定のアルゴリズムで継続的に処理し、分析し、統合していけば、多分、モーションピクチャー、つまり、映像に近いものが構成できるのではないでしょうか。

江崎：なるほど。そういう画像処理技術があるのではないかと。

茂田：ウェブサイトを見ていると、そういった画像処理技術があるという話が出ていました。そういう処理をすると、静止画像の集まりが本当にモーションピクチャーのように見えるらしいのです。

内閣衛星情報センターの概要

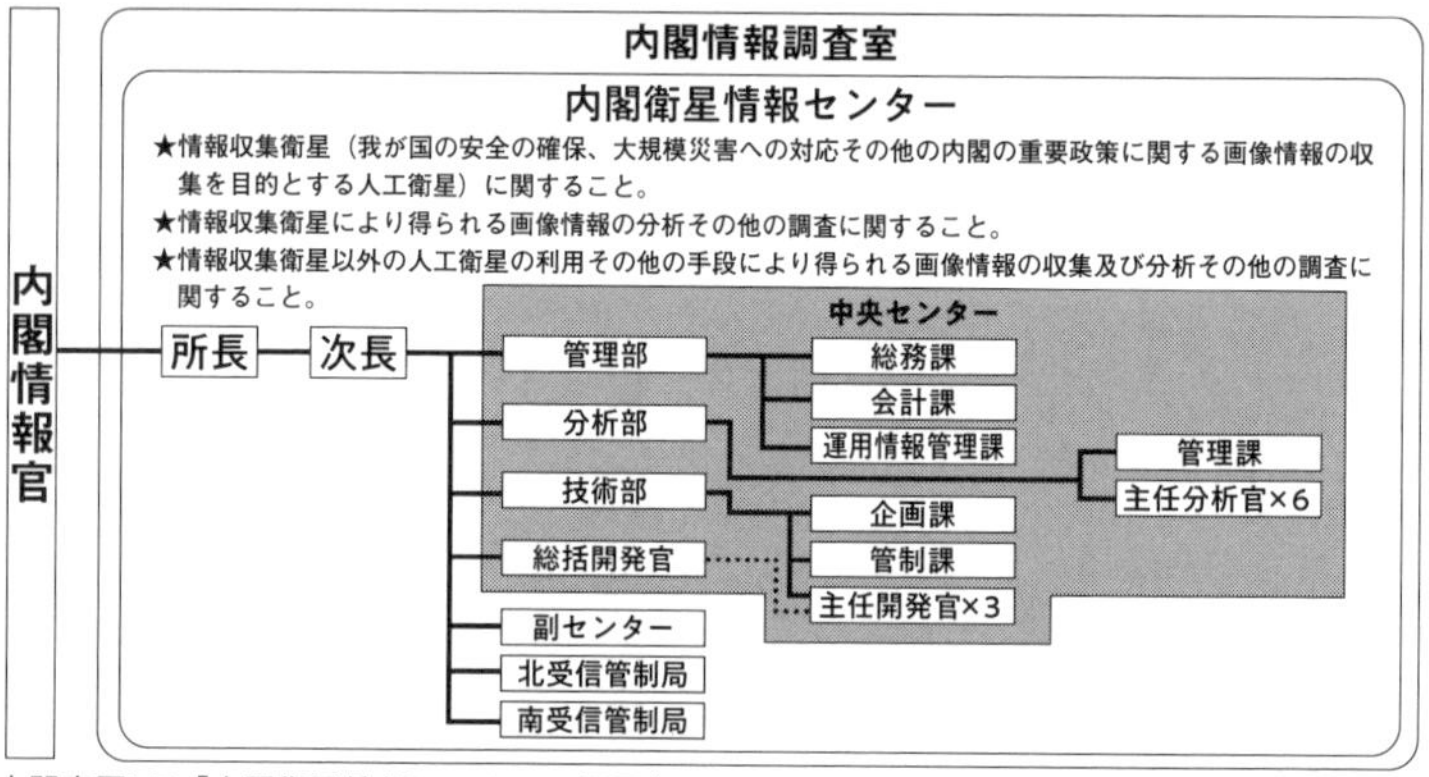

内閣官房HP「内閣衛星情報センターの概要」https://www.cas.go.jp/jp/gaiyou/jimu/pdf/csice1.pdf をもとに作成

江崎：そうした専門家の最先端の知見を、今の自衛隊や警察の中でも持っている若手の人はおそらくいるのでしょう。そういう人たちの知見を、政策や人事で活用するためには、上の者がその重要性を理解していないといけない。そこをどういうふうに我々は考えればいいのでしょうか。

茂田：そこが本当に一番難しいところですね。ただ、一つ言えるのは、やはりそういう専門集団を作るということ。そして、総理、官邸と直結させるということです。

私の体験で言うと、内閣衛星情報センターが平成13（2001）年に設置された時、正直、私はこのセットアップ（人員と人事制度）では大して発展しないだろうと悲観していました。ところが、こう言うと失礼なのですが、案に相違して発展しているのです。なぜか。最大の要因はやはり官邸に直結していることです。

つまり、官邸に直結して情報プロダクトが、おそらく頻繁に総理に報告されている。そうするとそこでいろいろな要望が出てきて、こうしなければいけない、ああしなければいけないといったニーズが現場に伝わっていくわけです。

紆余曲折を経て発展してきたアメリカのインテリジェンス

江崎：インテリジェンス機関というのは、政権中枢と直結して、様々な反応や要求が出てくる中で自ずと発展していくものだということですね。

茂田：そう思います。総理大臣であり、政権中枢の人間にどれだけ近いかがインテリジェンス発展の鍵です。

アメリカのインテリジェンスの発展経過を見ていてもそうです。私から見れば、ＮＳＡは、情報収集に関しては、世界最強のインテリジェンス機関だと思います。

そのＮＳＡが発展していくにあたっては、軍とＣＩＡ、そして国務省などの間で相当な綱引きがありました。軍は当然「俺たちのものだ」と主張し、ＣＩＡなどは「大統領の意向を代表している俺たちの言うことを聞いてくれ」とやり合うのですが、私がＮＳＡの公表資料を見てすごいと感心したのが、アイゼンハワー大統領です。

アイゼンハワー大統領は軍人出身なのですが、そういった紛議が起きた時や、いろいろな大きな分かれ目の時の決断では、結果的に見ると、ＣＩＡの肩を持っています。それは何もＣＩＡが好きだからではありません。アイゼンハワーが大統領として自分がインテリジェンスを使う視点に立った時に、ＣＩＡの主張の方が大統領の主張に沿っていたということです。軍は自分たちのオペレーションがあるので、当然、軍事作戦を第一に考えますからね。

江崎：軍事オペレーションのためのインテリジェンスと、国家戦略全体のためのインテリジェンスでは、やはり視点が違う。

茂田：そう、視点が違います。ただ、そうした時期を経て、アメリカのインテリジェンスは大きく発展してきました。

ナショナル・インテリジェンスとは、第一に、国家（ナショナル）を代表している大統領のニーズに応えるから「ナショナル・インテリジェンス」なのです。それに対して、各省や陸海空軍それぞれのニーズに応じて動くのは、「デパートメンタル・インテリジェンス」であり、「サービス・インテリジェンス」です。

最初はそうした違いがありましたが、今やアメリカでは全てがナショナル・インテリジェンスだと言えるぐらいに、インテリジェンス・コミュニティが非常にうまく機能しています。

江崎：そういう意味で言うと、第二次安倍政権では、官邸に国家安全保障について議論し、その戦略を策定する国家安全保障会議を設置し、その恒常的な事務局として国家安全保障局を作って、官邸に全ての情報を集約しようとしてきました。また、外務省、防衛省、内閣情報調査室、公安調査庁などの各情報機関が官邸に直接情報を届ける仕組も作っています。官邸と直結していく形で各省の情報機関を活性化させていくのが狙いだったわけですが、それはセオリーとしては間違っていないということですね。

茂田：間違っていません。ただ、それをもっと強化しなければいけないと強く思います。

江崎：そのためには、人数的な規模や人事制度も含めて、まず、アメリカのインテリジェンスの仕組を、もっと我々が知って、目指すべきイメージを膨らませていく必要があるという話ですね。

日本はイギリスの真似をした方がいい？

茂田：こういったアメリカの例を話すと「アメリカは予算も膨大で、人員も多いので、日本はアメリカの真似はできない。一方、イギリスはいろいろコンパクトだけど、しっかりとたくさんの情報を持っているようだ。だから、イギリスの真似をしよう」といった議論がよくなされます。

しかし、イギリスのインテリジェンス力がなぜ強いのか。その理由は、「ＵＫＵＳＡ（ユクサ）：United Kingdom-United States of America Agreement」の一員だからです。ＵＫＵＳＡとは、アメリカ、イギリス、カナダ、オーストラリア、そしてニュージーランドの五カ国によるシギント同盟です。

江崎：いわゆる「ファイブ・アイズ」ですね。

茂田：そうです。UKUSA、いわゆる「ファイブ・アイズ」のシステムは戦後ずっと発展してきました。UKUSAは私が見るところでは、五カ国の五つの機関がギブ&テイクで協力しているというのでなく、ほとんど一体化して、実質的には一つの機関となっているのです。

そしてイギリスは、UKUSAシギント同盟の有力国であるために、巨大なUKUSAの全インテリジェンス・システムの中からデータと情報を引き出せます。だから、イギリスのインテリジェンスは卓越しているのです。イギリス単独の力ではありません。

アメリカが、ウクライナ戦争で「ロシアがウクライナに全面侵攻する」と警告した時に、ドイツやフランスなどヨーロッパの他の国々はなかなか信用しませんでした。でも、イギリスは「そうだ」と、すぐに認めました。アメリカと同じシギント情報を読んでいるから、動向が分かるのです。

江崎：国際政治、軍事の問題についてアメリカとイギリスが連携するのは、ファイブ・アイズという情報機関があるからなんですね。

茂田：私が言いたいのは、アメリカのインテリジェンスの資金や人員の規模は真似できない。しかし、国家においてインテリジェンスをどういうふうに位置付け、大統領府とどういうふうな関係を持つかといった運用思想やシステムは真似できるわけです。

アメリカの場合は、国家諜報長官（Director of the National Intelligence、一般には「国家情報長官」と翻訳されている）がいて、各インテリジェンスの関係、予算制度、人事制度などがあり、大統領を頂点としたインテリジェンス・コミュニティができ上がっています。そういうものをいかに日本で発展させていくかが重要だと思います。

江崎：アメリカのインテリジェンスの運用も、二転三転しながら、改善に改善を重ねていって今の形になっています。その経緯を学び、研究していくことが、国家安全保障戦略を始めとする安保三文書に基づいてインテリジェンスを強化していくために重要だということですね。

次章では、アメリカ、イギリスのインテリジェンスがいかに発展してきたのか、ファイブ・アイズを中心に見ていきたいと思います。

第三章

「世界最強のインテリジェンス機構」ファイブ・アイズとNSA

最強のインテリジェンス「シギント」

江崎：本章では「ファイブ・アイズ」がどういうものなのか、その中心にいるアメリカのNSAがどういう組織なのか、というお話を茂田先生から伺いたいと思います。

ファイブ・アイズに関しては、我が国でも「日本もファイブ・アイズに入るべきだ（入れるようになるべきだ）」という議論がよく出てきます。そもそもファイブ・アイズとは何かという基本的なところからご説明いただけますか。

茂田：「ファイブ・アイズ」、日本語に直訳すると「五つの目」となりますが、これは通称です。正式にはUKUSA（United Kingdom – United States of America）協定に基づいた、機密情報を共有するシギント同盟のことで、その協定の名称から「UKUSA（ユクサ）」と呼ばれます。

江崎：ファイブ・アイズの正式名称は「UKUSA」なんですね。試しにインターネットで検索したんですが、「UKUSA」ではほとんど出てきませんでした。それほど日本では知られていないということなんでしょうね。

茂田：知られていないのですが、UKUSAは世界最強のシギント機構だと私は考えています。

UKUSAの詳細に入る前に、まず、シギントとは何かというところから説明していきましょう。

インテリジェンスには実に様々な情報収集の方法がありますが、私に言わせれば、情報収集に関しての最強部門がシギントです。シギントを知らなければ、インテリジェンスの話は始まりません。

シギントには、大きく次の三つの分野があります。コミント（ＣＯＭＩＮＴ：Communications intelligence、通信諜報）、エリント（ＥＬＩＮＴ：Electronic intelligence、電子諜報）、フィシント（ＦＩＳＩＮＴ：Foreign instrumentation signals intelligence、外国計装信号諜報）です。

江崎：シギントの一つであるコミントとは、具体的には電話、携帯電話、無線通信、インターネット、ファックスなどの通信情報を大量に入手して分析するというものですね。

茂田：その通りです。コミントとは通信から情報を取り出す諜報活動ですが、更に、コミントの中には分析手法の違いで大きく分けて、（ａ）その通信の中身を読んで理解する手法と、（ｂ）中身は読まないけれど外形的な通信状況がどうなっているのか、大量にそして精密に分析して情報化する手法があります。前者は、クリプト・アナリシス（crypto-analysis）、いわゆる「暗号解読」です。後者は、トラフィック・アナリシス（traffic analysis）、私は「通信状況分析」と訳しています。

日本人が知らない「トラフィック・アナリシス」

茂田：コミントと言えば、我々日本人が半ば条件反射的に「暗号解読」を思い浮かべてしまうのは、前章でもお話ししましたが、戦前から日本の外交暗号や海軍暗号がアメリカに解読されてダメージを受けた影響があると思います。

しかし、実際は暗号解読だけが情報を取り出す手法ではありません。トラッフィク・アナリシス、「通信状況分析」は一般的に知られていませんが、極めて重要な分析手法です。これは、通信文の内容を読むのではなく、どこからどこに、何時何分に、無線通信があったという外形的な通信状況を大量かつ精密に分析する、つまり、通信トラフィック（通信のやり取り）を分析する手法です。そうすることで、実は暗号解読に劣らない情報を引き出すことができるのです。

「通信状況分析」で何が分かるかと言うと、例えば、海軍艦隊や陸軍部隊の組織編成・所在地や動向を把握することができます。

日本の帝国海軍は1930年代に米国海軍を仮想敵として度々西太平洋で海軍大演習を行っていますが、米国の開示資料によれば、これらの海軍大演習では、通信状況分析によって、帝国海軍の編成（戦力組成）、対米作戦などを解明できたとしています。

また、日米開戦直前の動向でも、日本の大艦隊がフィリピンやインドシナその他の南方方面に向かっている状況を、アメリカはこの通信状況分析の手法を用いて刻々把握していました。

通信状況分析は主として無線通信に適用される手法ですが、現代はインターネット通信が主体の時代です。

通信状況分析の現在の発展形が「メタデータ分析」です。

メタデータとは何か。一言で言うと、通信内容を除く通信に付随するデータ全てです。具体的には、メールアドレス、ＩＰアドレス、通信時刻、グーグルなどでの検索の履歴、地図検索の履歴、訪問ウェブサイト、電話番号、携帯端末の識別番号、通話時刻、位置情報などたくさんあります。これらを分析することによって情報を取り出す手法です。現代では、実際、民間企業が私たちのメタデータを収集して、自動的に分析して、私たちが関心を持ちそうな商品を勧めたり、ウェブサイトに誘導したりと活用して、利益を上げています。つまりメタデータ分析は既に民間で幅広く利用されているわけです。

ちょっと、話が難しくなってしまいましたが、ここで理解していただきたいのは、コミントと言っても、分析手法は暗号解読だけではなく、通信状況分析など多様な分析手法があるということです。

レーダー波から兵器体系まで特定する「エリント」

茂田：続いて、エリントについて見ていきましょう。エリントは、電磁波、特にレーダー波を傍受して情報を得ようとする活動です。今のウェポン・システム、武器は基本的にほとんどがレーダーを使っています。軍艦や戦闘機は敵を探知するのにレーダーを使い、対空機関砲や地対空ミサイルもレーダーを使います。それらが出すレーダー波を分析すると、どこに何があるかが分かり、兵器体系がよく分かる。これがエリントの分野です。

江崎：「レーダー」と言えば、日韓で大きな問題になった、いわゆる「レーダー照射問題（※1）」があります。あの事件も、何時何分、どの位置から、どういうレーダーが、どういうふうに照射されたといった、レーダーの実態を正確に把握し、記録しておかなければ、韓国と協議もできないわけです。これがエリントに関連する話ですね。

茂田：おっしゃる通りです。レーダー波の分析から、単にレーダー波が出ているという事実だけでなく、そのレーダー波を出しているレーダー送信機がどういう送信機かまで特定するわけです。そうすると、そのレーダーを搭載しているのがどの種類の戦闘機なのか、どの種類の軍艦なのか、地対空ミサイルならどの種類なのかといった兵器体系までを、推定どころか、ほとんど特定できるのです。

ウクライナ戦争関連でテシェイラが漏洩した機密資料の中には、前線におけるロシア軍部隊、ワグネル軍事会社の部隊、ウクライナ軍部隊の展開状況を詳細に示した地図があります。この資料は、今述べたレーダー波の分析と、先程お話しした「通信状況分析」、通信電波の発信場所の分析から、作成したものとされています。

江崎：ミサイルその他様々な高度な武器が使用される状況の中で、日本もそういう能力を獲得して情報を蓄積していかないと、いつ、どこで、誰が、どういう攻撃を仕掛けられるか、という事態に対応できないということですよね。これは日本政府が事態認定、つまりどこの国からどのような攻撃を受けたのか、ということを認定するに際して不可欠な情報ですね。

ということは、ロシア、中国、北朝鮮はもとより、韓国や台湾に対しても情報収集を徹底に行っていくことが重要になってきますね。敵味方の識別も必要ですので。

茂田：そういうことです。そこにはエリントという膨大な分野があります。

ミサイルの性能分析にも使える「フィシント」

茂田：最後はフィシントです。一番典型的なフィシントは、テレメトリー信号から得られる情報です。テレメトリーとは対象の遠隔監視を意味します。例えば、ミサイルの発射実験を行う場合、ミサイルの状態を地上で把握しなければならないので、決まったデータフォーマットで、頻繁にデータを送信するわけです。送信データは通常は単なる数字の羅列なのですが、実はそのデータを正確に解釈できれば、そのミサイルのロケット・エンジンの状況や燃料消費量などの状況が分かります。そして、それらの情報を基に、核戦力の主体となるミサイルの性能や開発段階などまでが分析できるのです。

江崎：北朝鮮が日本周辺に向けてミサイルを撃ってきた時、日本政府・防衛省・内閣がアメリカ軍と一緒に懸命に情報取集し、発射されたミサイルがどういうものかを見極めています。そ

※1　レーダー照射問題：2018年12月20日、能登半島沖で日本の海上自衛隊の哨戒機が韓国の駆逐艦によって攻撃を意図する火器管制レーダーを照射された事件。

うして分析された情報の一部が、例えば日本の本土にミサイルが飛んで来るかもしれないという避難警報を出す際のベースになるわけですね。

茂田：ミサイル発射探知の前の段階、ミサイルの性能分析のための情報として使えます。そのミサイルの性能分析を前提として、飛行距離の予測などをするわけです。

江崎：それも相当大変なことです。

茂田：ですから、アメリカなどはこのテレメトリー信号を取るため、専用の飛行機や艦船を派遣したり、更に人工衛星まで遥か上空に打ち上げたりしているのです。

日本は今回の国家安全保障戦略で「サイバー安全保障分野の対応能力を欧米主要国と同等以上に向上させる」としました。「同等以上」という意味は、アメリカ以上とは言わなくても「アメリカ並みにするぞ」と宣言したわけです。

江崎：これまでお話を伺ってきたようなことを、日本は「アメリカ並み」にしていくぞと、安保三文書でぶち上げたわけですから、すごいですね。その志や良し。

茂田：確かに、志は良いと思います。ただ、これまで述べてきたようなアメリカの状況を理解した上で「アメリカ並みに」しようと言っているのか。理解した上で「アメリカ並みに」とぶち上げたのであれば、あっぱれですが。

とにかく、読者の皆さんに理解していただきたいのは、シギントとは、多様な情報ソース、データソースがあって、それを総合的に分析したものだということです。単に、たまたま出てくる通信の中身を解読できたことがシギントではありません。それはシギントのごく一部です。

江崎：ヴェノナの前からの話ですが、アメリカは、収集・分析そして蓄積したシギント情報が、結局のところインテリジェンスの基本になっているわけですね。

茂田：そうです。それをアメリカは戦前から、戦中、戦後と営々と、膨大なカネをかけて、何十年もやってきたのです。

「世界最強のシギント機構」ＵＫＵＳＡ（ファイブ・アイズ）

江崎：では、そのアメリカが中心となっている、先生が「世界最強のシギント機構」とおっしゃるＵＫＵＳＡについて、教えてください。

茂田：本章の冒頭でも述べた通り、日本では「ファイブ・アイズ」の別名で知られている組織です。その名称にもあるように、５カ国の次の組織で構成されています。

①アメリカ／国家安全保障庁（ＮＳＡ：National Security Agency）
②イギリス／政府通信本部（ＧＣＨＱ：Government Communications Headquarters）
③カナダ／通信安全保障局（ＣＳＥ：Communications Security Establishment）

④オーストラリア／豪州信号局（ASD：Australian Signals Directorate）
⑤ニュージーランド／政府通信安全保障局（GCSB：Government Communications Security Bureau）

言ってみれば、アメリカを親玉として、この五つの組織が一体的に機能しています。「5カ国が協力している」と言えば、通常のイメージはギブ&テイクの協力関係ですが、2013年にNSAの契約職員だったエドワード・スノーデンが漏洩した資料を読むと、そういう関係ではありません。極端に言えば、UKUSAはアメリカ主導の、世界を覆う一つのトータルのシギント・システムになっているのがよく分かります。

江崎：密接に協力している、のではなく、一体的に機能している、というのがすごいですね。ある意味、国家を超えた世界的な組織というわけですね。

茂田：単に協力しているだけでなく、リエゾン・オフィサー（連絡将校）の相互派遣や「インテグリー（integree）」と呼ばれる現場レベルでの職員の相互派遣も行っています。要するに、職員を現場レベルでも相互派遣して他の組織で勤務させているのですから、そこでは完全に秘密がないわけです。

また、スノーデンの漏洩資料には定期検討会のブリーフィングペーパーが多く見られます。「定期検討会」とは、ファイブ・アイズのメンバー組織の特定分野を担当する人たちが集まって、

「この分野で我が国は今、こういう取組をしている」といった内容を、他の4カ国の担当者にブリーフィングするような会合です。そういう経験交流もしている関係だということです。

江崎：UKUSAの人数構成を見ると、アメリカが約5万5000人、イギリス・約7000人、カナダ・約3000人、オーストラリア・約2500人、そして、ニュージーランドが約430人で、アメリカは人数的にも圧倒的に多いです。人員も予算も8割ぐらいはアメリカが担っています。

茂田：そうです。ファイブ・アイズに投入している資源・人員・技術からすれば、その大部分はアメリカです。

江崎：アメリカがそれだけ予算も人員も注ぎ込んで集めた情報を、イギリスやカナダ、オーストラリア、ニュージーランドとも共有しているのはなぜなんですか。アメリカが一方的に損をしているように見えるんですが。

茂田：アメリカにとってのメリットで一番大きいのは収集拠点です。アメリカ単独ではアメリカ国内や、アメリカの影響力が及ぶ海外の地域に収集拠点を確保できても、それだけでは世界を覆《おお》えません。その点、イギリスは、旧大英帝国の遺産で、例えばキプロスに海外領土を持つなど、本土以外にも収集拠点を置ける（※2）わけです。

※2　キプロス島南部のアクロティリとデケリアにはイギリス主権基地領域として現在も軍事基地が置かれている。

また、オーストラリア、カナダも彼らの大使館を拠点にしたり、更にオーストラリアの場合は南半球のあの大きな土地を活かしてたくさんのアンテナを立てたりできます。そうやって世界中に収集拠点を、UKUSAの協力で確立しているのです。

もはやイギリスはアメリカと険悪な関係にはなれない

江崎：旧大英帝国の領土にまたがっているコモンウェルス、イギリス連邦の存在は大きいですね。やはり、地球は丸いので、通信情報を取るにしても何にしても、あちらこちらに拠点を置かないと取れないわけですね。だからイギリス、カナダ、そして南半球のオーストラリア、ニュージーランドに情報収集を協力してもらっていて、その代わりにその情報をそれらの国とも共有しているわけですね。

茂田：おっしゃる通りです。この世界中を覆うデータ収集システムを作っているところが、まさにアメリカにとってのUKUSAの最大のメリットだと言えます。

では、アメリカ以外の4カ国は使われているだけかと言えば、そうではありません。UKUSAに参加しているお陰で、アメリカが取ったデータ、他の国が取ったデータなど、自分の国だけでは取れないデータなどにもかなりアクセスできて、独力では到底成し得ないような情報を入手しています。

その典型がイギリスです。

イギリスは情報力があると言われますが、その根源は何かと言えば、ファイブ・アイズの同盟関係です。この同盟関係のお陰で、アメリカのシステムからも情報が入手できるという絶大なメリットがあるわけです。２０１０年代初め、イギリスの全インテリジェンス情報成果物の60％、または全シギント情報成果物の60％は、ＮＳＡ由来であると言われています。

余談ですが、確か50年ぐらい前にアメリカの政権とイギリスの政権の仲が悪くなった時期がありました。当時のイギリス政権がアメリカ大統領だったニクソンの神経を逆なでするようなことがあって、怒ったニクソンが「ＵＫＵＳＡからイギリスを切れ。イギリスにデータを渡すな」と命令したことがありました。イギリス側はそれをインテリジェンスの「disaster（大災難）」だったと認識しています。

これがアメリカとイギリスのスペシャル・リレーションシップ、「特別な関係」の実態です。単純に「両国仲良くしましょう」などという美しいものではなく、インテリジェンス同盟によって結ばれた利害関係なのです。イギリスＧＣＨＱの公表資料にも、ＵＫＵＳＡ協力が英米の「特別な関係」の基礎である旨を表現したものがあります。

江崎：国際社会においてアメリカとイギリスが緊密な連携を取っているのも、このＵＫＵＳＡがあるからなんですね。

茂田：その通りです。多くのインテリジェンスを共有しているので、国際社会の動向についての認識が似てくるのです。似た認識を持っているから、緊密な連携ができるのです。

まさに「桁違い」のアメリカのインテリジェンス体制

江崎：そのUKUSAを主導しているのが、アメリカのNSA（国家安全保障庁）ですね。

茂田：スノーデンの情報漏洩のお陰で明らかになったのは、情報漏洩があった2013年時点で、NSAの正規職員の定数が約3万5000人弱で、そのうち軍人が約1万5000人、シビリアン（文民）が2万人ぐらいだということです。シビリアンの方が軍人より、約5000人多い。

NSAは国防総省の組織ではあるものの、中心はシビリアンです。NSAの専門分野を担当し、動かしているのもシビリアンであり、NSAはシビリアンの専門家集団なのです。アメリカでは「数学の博士号取得者の最大の雇用主はNSAだ」といったことがよく言われていますからね。

江崎：日本だと、防衛省における制服組（自衛官）と、背広組（シビリアン、官僚）の対立ということがよく言われてきて、安全保障の専門家というのは制服組の方だみたいな誤解があります。しかし、アメリカでは、軍人とシビリアンとは密接に連携していて、インテリジェンスの分野などではむしろシビリアンの専門家が多いというわけですね。

茂田：そうです。エレン・ナカシマという日系人の優秀なジャーナリストがいます。彼女は国家安全保障やインテリジェンスを専門にしているのですが、彼女が２０１８年に書いたレポートによれば、ＮＳＡには正規職員の他に、契約社員が１万７０００人いるそうです。要するに、スノーデンみたいな人たちですね。

ＮＳＡは特定の分野の専門技能を持ったシビリアンをＩＴ関連の民間企業から契約社員として雇っているのです。彼らの給料は正規職員よりも高く、正規職員の中には辞職して民間からの派遣社員になる人もいるくらいです。そういう職員、シビリアンが１万７０００人もいるということですね。２０１８年の段階で正規職員と合計すると、全部で５万５０００人だというのです。

では、アメリカのシギントの職員がこの５万５０００人だけかと言うと、そうではありません。５万５０００人はあくまでもＮＳＡだけの数字です。ＮＳＡの他に陸海空軍、海兵隊、沿岸警備隊にもそれぞれ独自のシギント部隊があり、そこにもシギント職員がいます。それらの数字は公表されていないので、正確にどれくらいいるかは分かりません。

更に、サイバー軍にも７０００人ぐらいいると言われています。サイバー軍と呼ばれていますが、実質、広い意味でのシギント部隊です。

そうしたところから、アメリカのシギント組織はNSAと軍を合わせて、少なく見ても7万人ぐらいはいると推定しています。

江崎：日本はどういう状況なのですか。

茂田：日本の公式に出ている数字は今、どれくらいなのでしょうか。防衛省に情報本部が新設された時に発表されていた定数は、当時の公表資料で2000人と少しぐらいだったと思います。報道を見ると、現在でも2500人程度のようです。ただし、これはシギントだけではなく、情報本部を全部合わせてです。

江崎：それは、オーストラリアより小さいぐらいですか。

茂田：情報本部全部で2500人程度ですから、画像地理部や分析部、それに総務部などの管理部門もあるので、シギント部門はオーストラリアと比べても当然小さいわけです。

江崎：なるほど。でも、さすがに、ニュージーランドよりは大きい。

茂田：ニュージーランドよりは大きいですね。

江崎：これから本当にインテリジェンスに力を入れていこう、と志は大きくても、実態はオーストラリア以下、カナダよりも劣るということですね。

茂田：その通りです。その上、カナダやオーストラリアはUKUSAの一員としてやっているので、それだけの人数でも膨大な情報が取れます。日本が独力で「アメリカ並み」にしようというのであれば、それは〝桁が違う〟という話になるわけです。

江崎：サイバー軍をこれから増やそうとも言っていますが、サイバー軍とはまた別の話ですから。

茂田：サイバー軍も広い意味でのシギント分野ではありますが、サイバー軍の増員でシギント機関の代わりになるわけではありません。後の章でお話ししますが、サイバー軍が能力を発揮するためには、実はシギント機関の支援が必要なのです。

「アメリカ並み」と宣言した以上それなりのヒトとカネと法整備を

茂田：次に、シギントにかける予算面での比較も見てみましょう。アメリカもシギント予算として正式な数字は出していません。ただし、２０２４会計年度のインテリジェンス総予算として、１０１７億ドル、日本円にして約14兆円を連邦議会に要求しています。

その中でシギント予算は、ＮＳＡ単独でもおそらく１５０億ドルほどだと推定しています。その他、シギントやイミントの人工衛星、早期警戒探知衛星などを打ち上げている組織である国家偵察局（ＮＲＯ：National Reconnaissance Office）なども、かなり巨額な予算を持っているので、ＮＲＯのシギント予算が日本円で数千億円を下ることはありません。更に、各軍のシギント部隊の予算を入れると、私の感覚からすると、シギント全般では３００億ドル（約４兆円）を下ることはないと見ています。

江崎：岸田政権の下で防衛予算倍増が打ち出されて防衛省の情報関係予算も増えてきています。2024年の概算要求を見ると、防衛省のインテリジェンスに関連する予算として指揮統制・情報関連機能が4000億円、宇宙・サイバーが3000億円と激増しているわけですが、実際のシギント予算は微々たるものではないかと思います。

もっと言うと、インテリジェンス機関として、テレビなどでは「日本の政治の闇を握っている」強力な組織として描かれる公安調査庁も、年間予算は大体130億円です。もっとも、公安調査庁はシギントをやっているわけではありませんが……。

茂田：公安調査庁はそんなふうに描かれているのですか？　それはむしろ比較する方がおかしいくらいですね（笑）。

江崎：日本のインテリジェンスは予算、人員ともアメリカとは比べようがないくらいです。野球で言えば、言いすぎかもしれませんが、まるで小学校の野球チームと大リーグぐらいの違いです。

茂田：それを聞くと実務で頑張っている人は怒るかもしれませんが、私個人的にはあまり外れてはいないように思います。

江崎：政治が志を持って「アメリカ並みにいくぞ」と大きな方向性を出さなければ、現場の官僚たちも頑張りようがないので、それ自体はいいと思うのですが。

茂田：打ち出したのは正しいことですが、そういう方針を出したならば、それに見合う予算と人員と制度と法的権限を付けてもらわないと困るわけです。宣言はしたけれど、カネは出さない、人も出さない、おまけに法律で手足を縛られたままでは、いくら頑張れと言われてもそれはできません。

江崎：そのあたりの実態をみんなが知って、「だから日本は駄目なのだ」ではなく、せっかく岸田総理が「アメリカ並みのインテリジェンスを目指そう」と宣言したのだから、後押しをするためにはどうすればいいかを考えたいですね。

茂田：そういうことです。掛け声だけではなく、中身を入れて欲しいのです。

いずれ日本もNSAのような組織の必要性に気付く

江崎：UKUSAの中心、〝親玉〟であるアメリカ国家安全保障庁（NSA）の任務について、更にご説明いただけますか。

茂田：NSAのウェブサイトによれば、NSAの任務は、簡単に言うと次の三つです。

①シギント
②サイバーセキュリティ
③コンピュータ・ネットワーク作戦（CNO）の基盤の提供

一つ目のシギントは、ここまでお話してきた、情報収集です。

そのシギントが攻撃する「矛」なら、二つ目のサイバーセキュリティは防御方法で「盾」です。攻撃方法が分からなければ、防御方法も分からないので、シギントとサイバーセキュリティは表裏の関係です。

アメリカの場合、いろいろな歴史的経緯から、サイバーセキュリティ全体の所管官庁はCISA《シーサ》（Cybersecurity and Infrastructure Security Agency、サイバーセキュリティ・インフラ安全保障庁）という国土安全保障省の中の一部局です。

江崎：NSAは軍の組織なのに、サイバーセキュリティ全体の所管官庁は国防総省ではないんですね。

茂田：そうですね。サイバーセキュリティについては第八章で詳しくお話ししますが、米国以外のUKUSA諸国、イギリス、カナダ、オーストラリア、ニュージーランドでは、軍と言うよりは国家シギント機関が、サイバーセキュリティを所管しています。一方、米国では歴史的経緯から、サイバーセキュリティ全体の所管官庁は、国家シギント機関であるNSAではなく、CISAとなっています。しかし、攻撃方法を知らなければ有効な防御もできませんから、サイバーセキュリティ全体におけるNSAの役割は大きくなっています。

NSAの役割は、まず「国家安全保障システム」（National Security Systems）と呼ばれる情報システムのセキュリティの責任部署です。国防総省やインテリジェンス機関や国務省は機密、極秘、秘密のレベルごとに様々な情報システム、ネットワークを持っているのですが、そのセキュリティを担当しています。そして、20年ほども前に、システムが保持すべき機能として、秘密保持力（機密性）とか、データが改変されないこと（完全性）、ユーザー認証機能（真正性）、通信履歴の保持力、システムが使用できること（可用性）など、我が国でも知られた基準を定めています。そして、最近は、「国家安全保障システム」以外の政府の情報システムのサイバーセキュリティの支援、民間のサイバーセキュリティの支援にも取り組んでいます。

更に、NSAは内部組織として「脅威作戦センター」（NTOC：NSA／CSS Threat Operations Center）を設置して、365日24時間態勢で、「国家安全保障システム」のセキュリティを監視したり、サイバー空間で現在どういうサイバー脅威があるかを調査したりしています。また、「脅威作戦センター」は、サイバーセキュリティに関連してFBIやCISAとの協力窓口にもなっています。

三つ目の「コンピュータ・ネットワーク作戦（CNO：Computer Network Operations）の基盤の提供」についてですが、コンピュータ・ネットワーク作戦とは、具体的には次の三つを指しているようです。

まず、「コンピュータ・ネットワーク資源開拓（CNE：Computer Network Exploitation、exploitationは「開発・開拓」「効果的活用」などの意）」。これは要するにハッキングですね。次に、「コンピュータ・ネットワーク防禦（CND：Computer Network Defense）」、そして最後に、「コンピュータ・ネットワーク攻撃（CNA：Computer Network Attack）」、つまりサイバー攻撃です。

ＮＳＡは、これら三つからなるコンピュータ・ネットワーク作戦の基盤を提供するとしています。これについて詳しく説明した公開資料は見つからないのですが、「提供」ですから、他の組織に提供する。そこで、まず、想定されるのが、サイバー軍です。サイバー軍は戦争においてはまさにサイバー戦争を担う部隊ですが、平時でも、現在は外国の悪質なハッカー集団に対してサイバー攻撃をしています。その際は、ＮＳＡがそのシギントのインフラと技術を使って、サイバー軍を支援しています。ＮＳＡは他にＦＢＩも支援していると思いますが、この点についてはまだ公開資料を見つけていません。

江崎：日本はようやく、その前段階のことをやろうとしている段階です。すなわち、防御のために先手を打って相手領域に入り込んでいく「アクティブ・サイバー・ディフェンス」（能動的サイバー防御）をできるようにしようとしています。そのために、岸田政権はまず法的基盤を作ろうと、法案を現在検討中です。アメリカは遥か彼方を行っているとはいえ、日本もその方向に歩み出したと見ていいでしょうか。

茂田：歩み出してはいます。ただし、その際に必要なのは、アメリカがサイバー軍とＮＳＡの両輪でやっているような仕組です。サイバー軍だけでやれというのは難しい。

江崎：それはなぜですか。

茂田：ＮＳＡの専門技術・知識とシギント・インフラが必要不可欠だからです。実際、サイバー軍は、世界中に張り巡らされたシギント・インフラを利用して、攻撃もするわけですから。

江崎：しかし日本は国家シギント機関であるNSAがないまま、サイバー戦争に立ち向かおうとしていますね。

茂田：やり始めれば、多分、NSAのような組織がないと困るとしみじみ分かってくるはずです。

NSAが発展できた理由は「シビリアンの専門家」の活用と人事権の独立

江崎：前途多難ですが、全体像を理解していけば、日本は何をすべきなのかが分かると思います。例えば第二次安倍政権の時、日本はアメリカと同じように、国家安全保障に関する外交・防衛・経済政策の基本方針・重要事項に関する企画立案・総合調整する国家安全保障局を設置したのも、その成果の一つです。

それまで官邸、つまり総理大臣の下に国家安全保障に関する外交・防衛・経済政策の基本方針・重要事項に関する企画立案・総合調整する専従機関が存在していなかったため、外務省、防衛省、国交省、警察、法務省・公安調査庁などがバラバラに動いていて、戦略的な活動が難しかったわけですが、この国家安全保障局が設置されてからは、「自由で開かれたインド太平洋」といった戦略的な動きを日本もすることができるようになってきたわけです。

よってインテリジェンスについても、アメリカのNSAが歩んできた道を知れば、どうしていけばいいか、見えてくるはずです。

インテリジェンス重視を明確に打ち出した日本は今、どこから手をつけていけばいいのでしょうか。

茂田：そのために、NSAが歩んできた経緯を見てみましょう。

第二次世界大戦中、アメリカは陸軍、海軍がそれぞれシギント組織を持っていました。戦後になって、空軍が独立し、空軍もシギント組織を持つようになったのです。そこで、この三者がバラバラでは良くない、統合しなければいけないということになり、1949年に軍安全保障庁（AFSA：Armed Forces Security Agency）が創設されました。ところが、これがいろいろと評判が悪かったのです。

なぜかと言うと、一番の原因は、当時の国防長官があまり関係省庁との調整をしないで一方的に創設してしまい、また、統合参謀本部の指揮下に置いたためです。軍安全保障庁の長官が軍人で、その上司の統合参謀本部議長も軍人ですから、その運営にはどうしても軍の意向が強く反映されてしまうのです。

ところが、これに国務省とCIAが反発しました。国務省とCIAは「自分たちはナショナル・インテリジェンスが欲しいのに、軍の意向が強すぎて、軍安全保障庁が言うことを聞いてくれない」とクレームをつけたのです。

そこで１９５２年に時のトルーマン大統領が、改革のための委員会「ブラウネル委員会」を設置し、その報告書に基づいて、秘密の大統領命令によってＮＳＡを発足させたわけです。名称にNational「国家」と付けたのは、ＮＳＡはインテリジェンスに対する国家的需要、政府全体の需要を満たすための国家諜報機関「ナショナル・インテリジェンス」の組織だという理由からです。そのため、ＮＳＡは国防総省内に置かれていますが、統合参謀本部議長の指揮命令系統から外してシビリアンの国防長官直下の組織とし、かつ、その運営は大統領直属の国家安全保障会議の下の「合衆国コミント委員会」が所管することにしました。合衆国コミント委員会の委員長は中央諜報長官（ＣＩＡ長官の兼務）です。

江崎：どうしてインテリジェンスの組織を軍の下にだけ置いては駄目なのですか。

茂田：軍は戦争する組織ですから、どうしても戦争遂行のためにシギント組織を全部使いたい。しかし、国家の最高政治指導者、国益全体を代表する存在である大統領は、戦争遂行のためだけではなく、大統領として欲しい情報がいろいろあるわけです。

両者の情報ニーズが対立した場合、どちらが優先されるのか。

これはアメリカでは明確です。ナショナル、国家を代表する大統領なのです。大統領が知りたいといった情報を全力で取る。これがナショナル・インテリジェンスです。

江崎：確かに軍であれば、軍事情報を優先的に収集・分析したいでしょうが、大統領としては、軍事だけでなく、外交、経済・通商・金融、テロ・犯罪関係の情報も必要になってきますからね。

それにこの国家か軍か、という話は、アメリカ合衆国憲法に基づく、本来的なシビリアンコントロールの話ですよね。すなわち、アメリカには、選挙で選ばれた大統領が軍を統率するという基本原則がある。その理念に基づけば、国民に選ばれた大統領のニーズを第一にすべきであって、国民に選ばれていない軍のニーズを第一にすべきでない、という考え方ですね。

茂田：そうです。それで「ナショナル」に作ったというわけです。

次に、NSAが発展した大きな要素は、その途上でシビリアンの専門性を活用できる組織になったことです。最初は、やはり軍の組織として作っているので、人事が軍主体だったのです。しかし、それでは専門性を発展させて保っていくのは無理なのです。

江崎：インテリジェンスの場合、戦争で戦うのとは違って、必要とされる能力も違いますからね。

茂田：前にもお話ししましたが、アメリカではシギントだけで大佐にまで昇進している人が大勢いるわけです。しかし、それでも本当の専門性は保てません。だからやはり、シビリアンの真の専門家にやらせなければ、発展は望めません。NSAの長官はずっと軍人ですが、発足当初は副長官も軍人でした。それを副長官は1956年にシビリアンに代え、それ以降はずっとシビリアンがなっています。因みに、米国以外のUKUSA諸国のシギント機関のトップは全てシビリアンです。

更に1959年に人事権が独立しました。それまでは、人事でも各軍の意向が強かったようですが、1959年に自分たちで人材を採用し、自分たちで罷免《ひめん》をする、昇任管理なども自分たちで行うようになりました。NSAの開示資料を見ても、人事権を軍から切り離したことがその発展において重要だったとの認識です。つまり、シビリアンの専門性を生かした組織にするには、人事権が独立しないと駄目だということですね。人事権が独立したので、ＮＳＡは専門性の高い組織に発展することができたと、開示されたＮＳＡの歴史資料に書いてあります。これはかなり大きなことです。

江崎：本当に高度なインテリジェンス機関になっていくためには、あちこちの部署を経験させる管理職を育てるのではなく、専門家を育て、出世させる人事制度が必要で、そのためには、独自の人事権を発揮できるようにしていく。この点は極めて重要なポイントですね。と同時に独立した人事権を持たせるためには、その人事権を振るうトップが目利きでないといけないわけで、その点についても大いに議論する必要がありますね。

茂田：その通りです。その上、ＮＳＡの人事制度では、専門能力の極めて高い人材は、その能力評価によって局長級の処遇を受けられるのです。

日本も避けては通れないデータフォーマットの統一

茂田：次の発展の節目は、1972年に「中央安全保障サービス（ＣＳＳ：Central Security Service)」がＮＳＡに附置されたことです。ＮＳＡが創設された後も、陸海空軍、海兵隊の各軍は、作戦支援のため、それぞれ固有のシギント部隊を持っていました。しかし、これらの組織がバラバラでは困るので、収集データを共有して活用するなど、一体的に機能させる必要があります。

江崎：各軍が持っている情報はバラバラだから、それを統合していくということですね。

茂田：統合して〝使える〟ようにしなければならない。その前提として、データフォーマットなども全て統合しなければならないわけです。

江崎：アメリカではそれが1972年、実に半世紀以上も前に行われたわけですね。日本の自衛隊もこれから統合司令部を作ってそれをやっていかなければいけないのですが、陸海空のデータフォーマットはバラバラなので大変だと聞いています。

茂田：しかし、それをやらないと統合軍にはなれないわけです。アメリカはそうやってシギントも統合し、NSAと、実際上NSAの一部局のようなCSSとが一体的に機能しています。だから、NSAの組織と陸海空軍・海兵隊のシギント組織が、国家インテリジェンスと軍インテリジェンスと位置付けは違いますが、実質的に一体として機能できるのです。

江崎：アメリカは1972年の時点でそうやってフォーマットを統一し、情報を共有できる仕組を作ってきました。一方、日本は各省庁も地方自治体もバラバラで、データのフォーマットの統一もできていないなか、菅義偉《すがよしひで》元首相によってようやくデジタル庁が作られ、2021年9月に発足しました。マイナンバーカードが代表例ですが、デジタル庁はまずフォーマットを統合しようと苦労しています。アメリカが60～70年前に始めたことを、日本もようやく始めたというのが今の状況でしょうか。

茂田：寂しいですけど、そういうことですね。
江崎：効果的な国家の仕組を作るのを、日本はサボってきたという話ですね。
茂田：だからこそ、アメリカのシステムをモデルにして、日本も進めなくてはなりません。
江崎：おっしゃる通り、せっかく良いモデルがあるわけですから、モデルに学べばいいと思います。

アメリカのインテリジェンス発展史から日本の目指すべき方向が分かる

茂田：アメリカのインテリジェンスの発展の歴史をもう少し見ていきましょう。2005年はアメリカのインテリジェンスにとって大変革の年でした。国家諜報長官（DNI：Director of the National Intelligence）ができたのです。
それまではCIA長官が中央諜報長官（DCI：Director of the Central Intelligence）を兼務しており、アメリカのインテリジェンス・コミュニティのトップでしたから、NSAはCIAの格下感がありました。しかし、国家諜報長官が上にできたことによって、CIA長官とNSA長官は完全な横並びになり、両者は国家諜報長官と同様、連邦議会の承認を得て大統領が任命する人事に確定したわけです。

江崎：これも画期的です。
それまではＣＩＡのトップ、つまり中央諜報長官（ＤＣＩ）がアメリカのインテリジェンス・コミュニティに所属する以下の機関を統括していました。

①ＣＩＡ
②国防総省：国家安全保障庁（National Security Agency）
③国防総省：国家地理空間諜報庁（National Geospatial Intelligence Agency）
④国防総省：国家偵察局（National Reconnaissance Office）
⑤国防総省：国防諜報庁（Defense Intelligence Agency）
⑥陸軍、⑦海軍、⑧空軍、⑨海兵隊、各軍のインテリジェンス部門
⑩国務省：諜報調査局（Bureau of Intelligence and Research）
⑪司法省：連邦捜査局（Federal Bureau of Investigation, ＦＢＩ）
⑫司法省：麻薬取締局（Drug Enforcement Administration）
⑬財務省：テロリズム金融諜報局（Office of Terrorism and Finance Intelligence）
⑭エネルギー省：諜報局（Office of Intelligence）
⑮国土安全保障省：情報分析・重要基盤保護局（Information Analysis and Infrastructure Protection Directorate）

⑯沿岸警備隊（Coast Guard）のインテリジェンス部門

ところが２００１年の９・11同時多発テロを防げなかったことを受けて２００４年７月22日に、アメリカ連邦議会の諮問委員会である「同時多発テロ事件に関する独立調査委員会（National Commission on Terrorist Attacks Upon the United States）」が最終報告書を公表し、アメリカのテロ対策の問題点を指摘するとともに、インテリジェンス・コミュニティの再編、具体的には国家諜報長官（ＤＮＩ）を新設したわけです。インテリジェンスの失敗が明確になると、その原因を徹底的に究明し、議会、つまり国会議員主導で大胆な機構改革を断行するところがアメリカの特長ですね。

茂田：失敗に学んで改革を断行していく。本当に羨ましいアメリカの美質です。そして、この改革で、実質的にＮＳＡの格が更に上がったのではないかと思います。

江崎：同感です。こうしてアメリカのインテリジェンス発展の歴史を見ていくと、インテリジェンス・コミュニティの重要性がよく分かります。情報機関が一つだけだと、間違った分析をするかもしれませんし、その分析だけを頼りにしてしまえば、取り返しのつかないことにもなります。だから、複数の情報機関が相互に干渉して意見をぶつけ合う、インテリジェンス・コミュニティの仕組がとても重要なのですね。

茂田：おっしゃる通りです。その後、２０１０年にはサイバー軍ができました。今度はまさに

「サイバー作戦」、サイバー戦争をするための組織を作ったわけです。

江崎：正規戦、非正規戦、サイバー、情報などを組み合わせたハイブリッド戦争に本格的に対応するようになったわけですね。前例踏襲に甘んじることなく、常に「脅威とは何か」を考え、脅威対抗型の安全保障体制を構築し続けているところがアメリカの凄さです。

茂田：そうです。そのサイバー軍の司令官は、NSA長官が兼務しています。

こうして、NSAの発展の歴史を簡単に見てきましたが、この発展の中で、私が特に関心を持って見ていたのは、ナショナル・インテリジェンスとして、NSAの国家諜報機関としての性格がはっきりと確立したことです。

先程、NSAは発足時にナショナル・インテリジェンスとして、つまり国家諜報機関として設立されたとお話ししましたが、その時点では、まだ各軍の影響力が強く真の国家諜報機関にはなり切れていませんでした。また、CIAもNSAの独立的な動きにはブレーキを掛けていました。それが、様々な改革を通じて、現在では、独立した国家諜報機関としてほぼ完成形に達したと評価できます。その要点は次の通りです。

まず、NSAに対する任務付与（Tasking）は国家諜報長官が行います。

次に、NSAの情報配布の決定も、国家諜報長官が国防長官と調整した上で、司法長官の承認を得て行われます。ここに司法長官が登場するのが面白いところです。

次に、人事は、先程お話ししたように、NSA長官は上院の承認を得て大統領が任命します。

NSA の沿革

1949 年	軍安全保障庁（AF Security Agency）設立
1952 年	National Security Agency 設立（大統領命令）
	・別名 “No Such Agency” ～ 1975 年まで存在自体が秘密
1956 年	副長官はシビリアンのシギント専門家
1959 年	人事権の独立（独自の採用解雇権限）
1972 年	CSS（Central Security Service）附置
	・陸海空軍海兵隊のシギント組織の活動の調整、一体化
	・NSA 長官が CSS 長を兼務
2005 年	国家諜報長官（DNI）設置
2010 年	サイバー軍 CYBERCOM 編成（現在約 7000 人）
	・NSA 長官が司令官兼務

ただし、国防総省の組織ですから、国防長官が国家諜報長官の同意を得て候補者を大統領に推薦する仕組になっていて、長官には本当のシギント専門家が推薦されるわけです。

最後に、予算ですが、ＮＳＡ予算を含む国家諜報計画予算案は、国家諜報長官が作成決定して、大統領に提出するのです。

江崎：国防総省の組織でありながら、数学の専門家や、大学教授たちのようなシビリアンの専門家たちをどんどん登用して、専門家集団を作っていく。また、国防総省の集団でありながら、その忠誠の対象はあくまでも大統領にある。この運用の仕方もなかなか複雑ですが、すごいなと思いました。

茂田：分かりにくいけど、素晴らしい。

江崎：運用の積み重ねを通じて、そういう形に発展させてきたということですね。

茂田：蓄積してきたわけです。

江崎：これを、そのまますぐに日本が活用できるかと言うと……。

茂田：一足飛びには難しいでしょうね。

江崎：すぐにはできなくても、こうした歴史を知ることで、日本もそちらの方向を目指す必要があると分かります。

茂田：それを知らないと、目指す方向さえ分かりません。

日本はまず政治がインテリジェンスの理解を深めなければならない

茂田：最後にNSAと関連組織との関係を押さえておきます。

NSA、CSS、そしてサイバー軍の三つの組織はNSA長官がトップを兼務しています。各軍もインテリジェンス組織を持っています。

第二次世界大戦中は、陸海軍のコミント組織は、陸海軍の他分野のインテリジェンス組織とは、別組織でした。それが戦後、だんだん時間が経つに従って、各軍ともにインテリジェンス組織は統合した方が良いということで、シギントも他のインテリジェンス分野も陸海空軍・海兵隊のインテリジェンス部隊はそれぞれ一本化されました。

例えば、海軍なら第10艦隊、空軍では第16空軍、陸軍のインスコム（INSCOM：United States Army Intelligence and Security Command、アメリカ陸軍諜報安全保障コマンド）など、各軍にインテリジェンスの組織があります。その中で、タクティカルな各軍のシギント部隊の

NSA と関連組織の関係

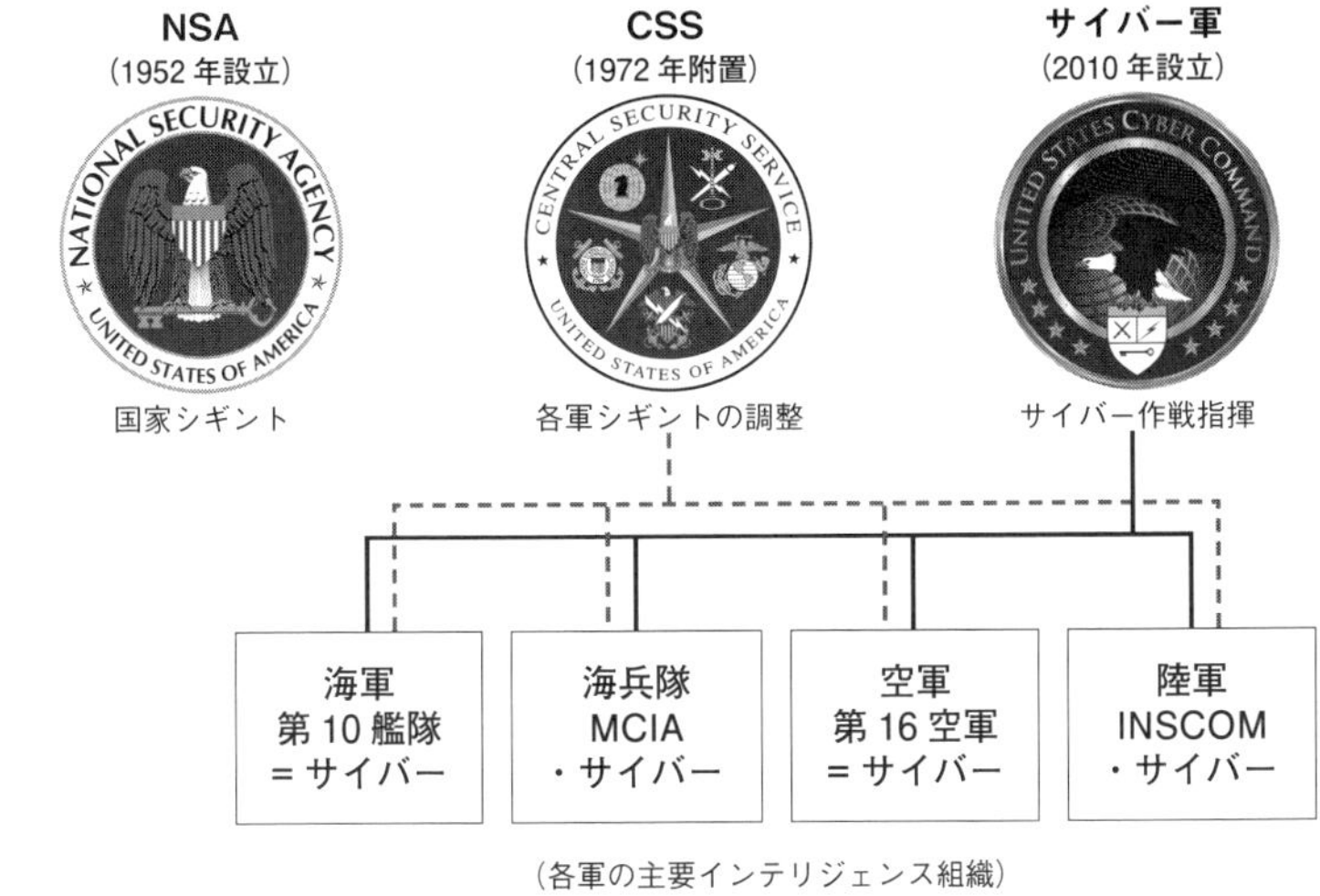

活動に関しては、ＣＳＳが統制・調整を行う。

一方、各軍のサイバー部隊はほとんどシギント部隊と重複するのですが、そのサイバー部隊に関してはサイバー軍が指揮命令する、といった複雑な構造でアメリカは運用しているのです。

江崎：アメリカ側がそのように複雑な構造で運用しているとなると、日本側のカウンターパートはどうなっているのでしょうか。例えばＮＳＡとは、日本のどこが窓口になっているのでしょうか。

茂田：それは公表されているかどうか私も自信がないので、控えさせていただきます。日本政府の公式見解は「日米の情報協力は基本的には日米安全保障条約という大きな枠組の中で、いろいろな面でインテリジェンス協力をしています」といったところでしょうか。そういう公式見解は出ていても、どの組織とどの組織が、どういうふうに協力しているかについては、どこまで公表されているのか、私自身もよく分かりません。

江崎：僕も仄聞《そくぶん》だけです。日本にNSAのような組織がないので仕方がないのですが、カウンターパートも含めて、アメリカ側に対応した動きをやっているようなイメージがありません。

茂田：NSAやCSS、サイバー軍の規模・実力と対比して、なかなかそのレベルの組織が日本にはまだできていないですからね。

江崎：多分、これは政治側の問題です。政治側が、まずこういったインテリジェンス組織の全体像を理解して、議論を深めて、国家機構の改革をしていかなければならないという話ですね。

茂田：そういうことです。

江崎：多分、今の段階だと、アメリカが持っている膨大な情報の一部だけを、日本は垣間見させてもらっているだけなのでしょうね。

茂田：そうなのです。ほんの少しだけ見させてもらっている。

江崎：そのほんの少しでも、驚嘆しているような状況でした。では、どうすればいいのかと途方に暮れていたのが、途方に暮れているばかりでは埒《らち》が明かないので、とにかく、前に進もうということで出てきたのが、インテリジェンス重視を明確に打ち出した2022年の安保三文書だということですね。

第四章 NSAの恐るべき情報収集能力

世界を覆う、ＮＳＡの情報収集体制

江崎：前章に続いてファイブ・アイズ、とりわけアメリカのＮＳＡについて伺いたいと思いますが、本章では、ＮＳＡが日本を含め、世界各地でどのように情報収集しているのかといったところからお話しいただけますか。

茂田：ＮＳＡの傍受施設は世界に全部で約５００カ所以上あるだろうと言われています。なぜそれが分かったのかと言うと、２０１３年のスノーデンの漏洩資料によってです。スノーデンのお陰で全体像が見えるようになりました。アメリカの民間のシギント研究家がスノーデンの漏洩資料を丹念に分析し、情報の収集拠点を数え上げた結果、５００カ所くらいあるだろうと推定しています。その中にはメジャーなものもあれば、マイナーなものもあります。私の推定では、５００カ所中１５０カ所以上は重要なデータ収集システムがあると見ています。

江崎：アメリカにおいてだけでなく、世界各地に情報収集の拠点を置いているというわけですね。もちろん、その拠点を置いている国に了解をもらっているとは限らないわけですよね。

茂田：その通りです。その国が同意しているものもあれば、その国が知らない内に設置したものもあります。

スノーデンの漏洩資料には、「ワールドワイド・シギント・プラットフォーム」という地図がありますが、図上にはシギント・データの収集態勢が、色とりどりの丸印で記されています。

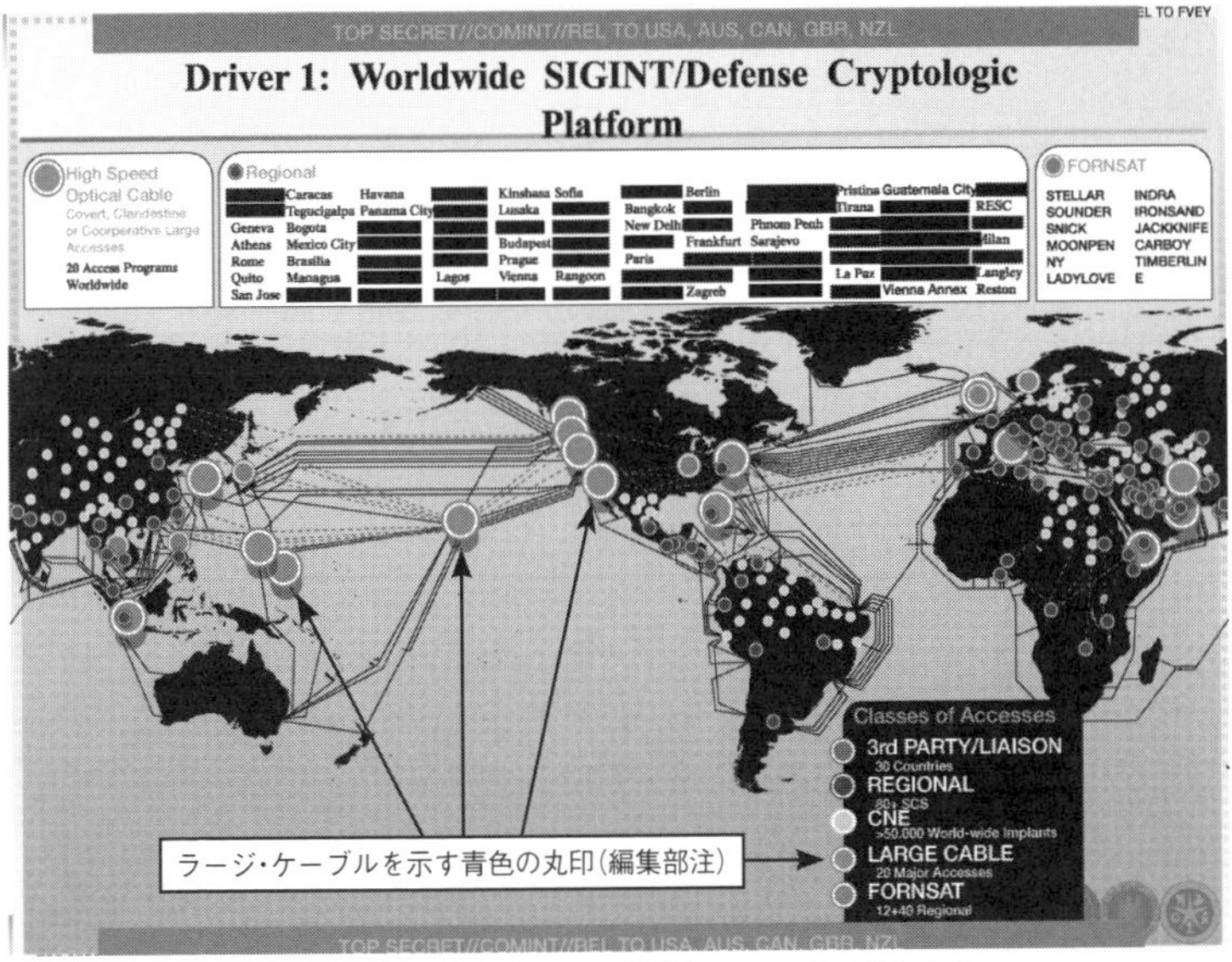

NSAが世界中でどのように情報収集しているかを説明する2012年の内部文書

注目すべきは、その収集態勢を示す丸印が世界中を覆っていて、中国、ロシアはもちろん、インドやブラジルにも多く存在していることです。

これは外部に見せる資料ではなく、彼らの内部用の資料ですから、細部がどこまで正確かはさておき、全体的な傾向は間違っていないと考えられます。ＮＳＡはこういったシギント・データの収集態勢を敷いているわけです。

江崎：中国やロシアもということは、やはり相手国に黙って情報収集拠点を置いて、通信傍受などをしているというわけですね。

茂田：当然、そうなります。中国やロシアが同意するはずはありませんから。ただし、この地図にある中国やロシアにおけるプラットフォームの多くは、次の章でお話しするCNE、いわゆるハッキングです。

日本も海外に情報収集拠点を

江崎：中国共産党政権は近年、サイバーセキュリティに関する法整備を進めてきています。例えば、2016年11月、全人代常務委員会において国家安全保障のためのサイバーセキュリティ確保を目的に、中国サイバーセキュリティ法が可決され、2017年6月1日に施行されていますが、このスノーデンの漏洩資料を見て、自分たちがアメリカに情報を取られていることを気付いたからということもあったかもしれませんね。

茂田：この資料を含むスノーデン漏洩資料はウェブ上で見られますから、中国やロシアのような国は間違いなく徹底的に研究していると思います。

江崎：2023年には、中国が南米のキューバに情報収集拠点を置いていたことが発覚して大騒ぎになりました。産経新聞は「米軍基地の通信内容を傍受し、暗号化された電子情報の解読を試みている可能性がある」と伝えています（「産経新聞」ウェブ版2023年7月3日付）。

茂田：アメリカも大騒ぎでした。

江崎：あれだけを見て「中国は怪しからん」などと言うのですが、「いやいや、アメリカが世界で何をやっているか知っているのかな」と思ってしまいます（笑）。もちろん、中国が海外に情報収集拠点を置くのは由々しき問題だとは思っていますが。

茂田：アメリカは自分がやっているから、中国もやると分かるわけです。当然、中国からすれば、「アメリカがやっていることだから、自分たちがやっても悪くない」というロジックです。

江崎：本来なら日本も独立国家ならば、海外に情報収集の拠点を設けるべきですよ。岸田首相は２０２２年12月に閣議決定した安保三文書でインテリジェンス重視を公式に宣言したわけですから。

茂田：そこまでの認識があるかどうか。でも、本当に「アメリカ並み」にやろうと思えば、当然海外に情報収集拠点を置くくらいのこともやっていかなければいけません。

江崎：相手のことを徹底的に知るというのは、安全保障の基本ですからね。日本も、中国・ロシア・北朝鮮にこういった情報収集拠点を置いて通信傍受を含めた情報収集をできるようにしたいものですが、そこまで考えている政治家が日本に何人いることか。

ＮＳＡの情報収集の協力組織は世界各地に存在している

茂田：漏洩資料では、情報収集拠点である「ラージ・ケーブル」と呼ばれるものが、青い丸印（一番大きな丸印）で表されていて、要するにインターネット基幹回線からごっそりと情報を取っていることを示しています。

ラージ・ケーブルは、アメリカ領土以外で見ると、アジアでは、韓国とシンガポールにあるように見えます。アメリカの領土では、グアムとハワイ、そしてアメリカ西海岸にあります。また、ヨーロッパはもちろん、中近東にも拠点があるのが分かります。

では、これらの多くの拠点からどのようにデータを収集しているのか。

NSA単独では取れません。協力してくれる組織があるから取れるわけです。それは、大きく分けて三つあります。順番に紹介していきます。

①「特別資料源作戦」（SSO：Special Source Operations）

これは民間企業の協力を得て行うシギント資料収集です。企業のほとんどがアメリカの企業だと思います。NSAが収集するデータのうち、コンテンツ情報、つまり通信内容の60%、メタデータの75%近くを、「特別資料源作戦」で入手しているそうです。大変に多くのデータが取れるので、スノーデンはこのSSOをNSAの「クラウン・ジュエル（宝冠）」だと表現しています。実際、その通りなのでしょう。

②「セカンド・パーティ」（Second Party）：UKUSA（英、加、豪、NZ）

アメリカ以外のUKUSA同盟メンバーをNSAは「セカンド・パーティ」と呼んでいます

が、その英国、カナダ、豪州、ニュージーランドの協力を得て、データを収集しています。この協力関係は全面的です。

③「サード・パーティ」(Third Party)：2013年現在、33カ国

UKUSA以外のギブ&テイクの関係で、協力している国です。協力の度合いは国によって異なります。この「サード・パーティ」の国々は、2013年のスノーデンの漏洩資料では33カ国です。欧州18カ国、アフリカ3カ国、中東5カ国、アジア7カ国の国名が挙がっています。

アジア7カ国の中には日本も一応入っていますが、少なくとも当時は主要協力国とは評価されてはいないようです。漏洩されたNSA渉外局の内部資料の脚注に、アジアの主要協力国はシンガポールと韓国だと注意書きがありました。シンガポールと韓国はそれだけのデータを提供しているということです。先程紹介したスノーデン漏洩資料の地図では韓国とシンガポールに青丸印のラージ・ケーブルがあるように見えます。これを踏まえると、シンガポールと韓国は、通信基幹回線から大量にデータを取って、アメリカに相当部分を提供している関係だと推定できます。

江崎：それは、シンガポールや韓国がサイバー、デジタルが非常に進んでいて、情報収集能力が日本と比べて遥かに高いからなのでしょうか。

茂田：技術能力の高さというよりは、政府が通信基幹回線からデータを収集して自分でも分析

するし、またNSAに提供するのを認めている、やると決めているからだと思います。

江崎：なるほど。逆から言えば、日本はアメリカから情報を取られるのは嫌だと思っているのか、それともそもそも提供する仕組がないのですか。

茂田：データを提供する仕組のあるなしの前に、そもそも日本には、日本を経由する通信基幹回線からデータを収集する意思もなければ、法的根拠もない、収集権限を持っている政府機関もないからです。おそらく、世界中でこういう状態の国は日本ぐらいしかありません。

江崎：日本だけが、国家として通信基幹回線からデータを取っていない。サイバーだ、インテリジェンスだと言いながら、日本は基本的な法整備ができていないわけですね。

茂田：法整備、あるいは法解釈の問題です。アメリカは、通信基幹回線でも通信がアメリカを経由するだけ、つまり、アメリカ以外の外国から外国への通信は、「トランジット通信」と呼んで、制定法の根拠なしに収集しています。米国内の国民の人権とは無関係だからです。つまり、その国の法律の建付けによっては、必ずしも立法が必要なわけではないのですが、通信基幹回線からの一定のデータ収集は違法でないという法的な解釈、法的な建付けが必要です。通信基幹回線は貴重なデータ源ですから、法整備をしているのか、していないのか、国によって異なると思いますが、他の国は多かれ少なかれ収集している。他方、日本の現状の法的解釈では違法となるのではないでしょうか。

スノーデン資料に出てこないほどの秘密の活動も？

江崎：２０１３年にアメリカがドイツのメルケル大統領の携帯電話を盗聴していた疑惑が浮上し、メルケルが激怒してオバマ米大統領に抗議した一件も、ＮＳＡが関与していましたね。

茂田：世界各国の政治家たちの携帯電話での通話は絶好のターゲットですからね。

それでは次に、ＮＳＡの主要なシギント・データの収集プラットフォームを見ていきましょう。これには、以下の九つが挙げられます。

①「プリズム計画」（Downstream）
②通信基幹回線からの収集（Upstream）
③外国衛星通信の傍受（ＦＯＲＮＳＡＴ）
④特別収集サービス（ＳＣＳ：Special Collection Service）
⑤シギント衛星・機上収集（Overhead）
⑥ＴＡＯ／ＣＮＥ（コンピュータ・ネットワーク資源開拓）
⑦海軍艦艇・潜水艦
⑧従来型収集（無線通信の傍受）
⑨秘匿シギント活動（ＣＬＡＮＳＩＧ）

江崎：うーん。そんなにあるんですか。

茂田：①〜⑤については後で詳しく解説します。

⑥のＴＡＯ《タオ》（Tailored Access Operations）は一言でいうと、ＮＳＡのハッカー集団です。ＴＡＯについては次章で詳しく取り上げます。

⑦の海軍艦艇や潜水艦を使ったシギント収集も行われています。これは、スノーデン漏洩情報では出てきていません。

⑧の「従来型」とは、１００年以上使われている短波（High Frequency）通信などの無線通信の傍受です。この傍受施設は、直径１００メールを超える巨大なアンテナを使用しており、「象の檻」と呼ばれました。ただし、だんだん重要性が低下してきて、ＮＳＡは「象の檻」のアンテナ自体は廃止したはずです。

最後の⑨の「秘匿シギント活動」はスノーデンの漏洩資料を見ても、具体的に何をやっているのかが分かりません。しかし、ＣＩＡの秘密予算とＮＳＡの秘密予算を合わせて、２０１３年度段階で8億ドル以上計上されていました。結構な金額なので、何か相当な活動をしているはずです。スノーデン漏洩資料にも出てこないとしても機微なオペレーションを、彼らは行っているのです。しかし、残念ながらウェブ上に流出している資料が何もないので、この「秘匿シギント活動」については中身を説明できません。

「少ない費用で効果は抜群」のプリズム計画

茂田：では、①～⑤を詳しく見ていきましょう。

まず①の「プリズム（ＰＲＩＳＭ）計画」です。

これには漏洩されたパワーポイント資料があります。パワーポイント資料には「ＮＳＡの情報報告で最も使われているシギント活動」と書かれています。つまり、それぐらい重要なものだということですね。

具体的には、これは前述の「特別資料源作戦（ＳＳＯ）」の一つで、協力企業のアメリカ国内のデータセンターから必要な情報を随時検索して取得するやり方です。２００７年に開始され、参加企業は、マイクロソフト、ヤフー、グーグル、フェイスブック、パルトーク、YouTube、Skype、アメリカ・オンライン（ＡＯＬ）、Appleなど、アメリカのメジャーな企業はほぼ全部、特にインターネット関連で重要な企業はみんな入っています。

江崎：マイクロソフト、ヤフー、グーグル、フェイスブック、パルトーク、YouTube、Skype、アメリカ・オンライン（ＡＯＬ）、Apple……。要は私たちが日常的に使っているインターネット、通信に関する民間企業は、アメリカ政府の情報収集に協力している、ということですか。これだと、電子メール、携帯の情報もほとんど筒抜けということになりますね。

茂田：そうです。「プリズム計画」によって取得できるデータは、Ｅメール、チャット、ボイスメッセージ、送信ファイル、写真、ビデオ、保管データ等のコンテンツ情報に加えて、メールアドレス、電話番号、通信時刻、通信時の端末の位置等のメタ情報もあります。位置情報はかなり重要です。

取得方法は二つあって、企業のデータセンターに記録されている過去の通信データを取得する方法と、対象を監視するため通信と同時にリアルタイムでデータを取得する方法があります。ちなみに、先に述べた「保管データ」には、当然のことながら、クラウド・コンピューティングによる保管データが含まれます。従って、OneDriveとかiCloudとか、マイクロソフト、アップル、ヤフー、グーグル等のクラウド・サービスを利用する場合、米国内にデータの保管センターがある限り、米国政府が取得可能なデータとなるわけです。

江崎：ＬＩＮＥのデータセンターが韓国にあって、ＬＩＮＥの情報は全て韓国に筒抜けの恐れがあると言われたことがありましたが、それ以上にアメリカ政府に筒抜けだということになりますね。

茂田：そうです。

このように多量のデータを容易に入手できるので、「少ない費用で効果は抜群」と彼らは誇っています。開示資料によればＮＳＡは２０１２年中に約２億数千万件のデータを取得しており、また、漏洩情報によればＮＳＡの全情報プロダクトの７分の１以上が「プリズム計画」由来だそうです。

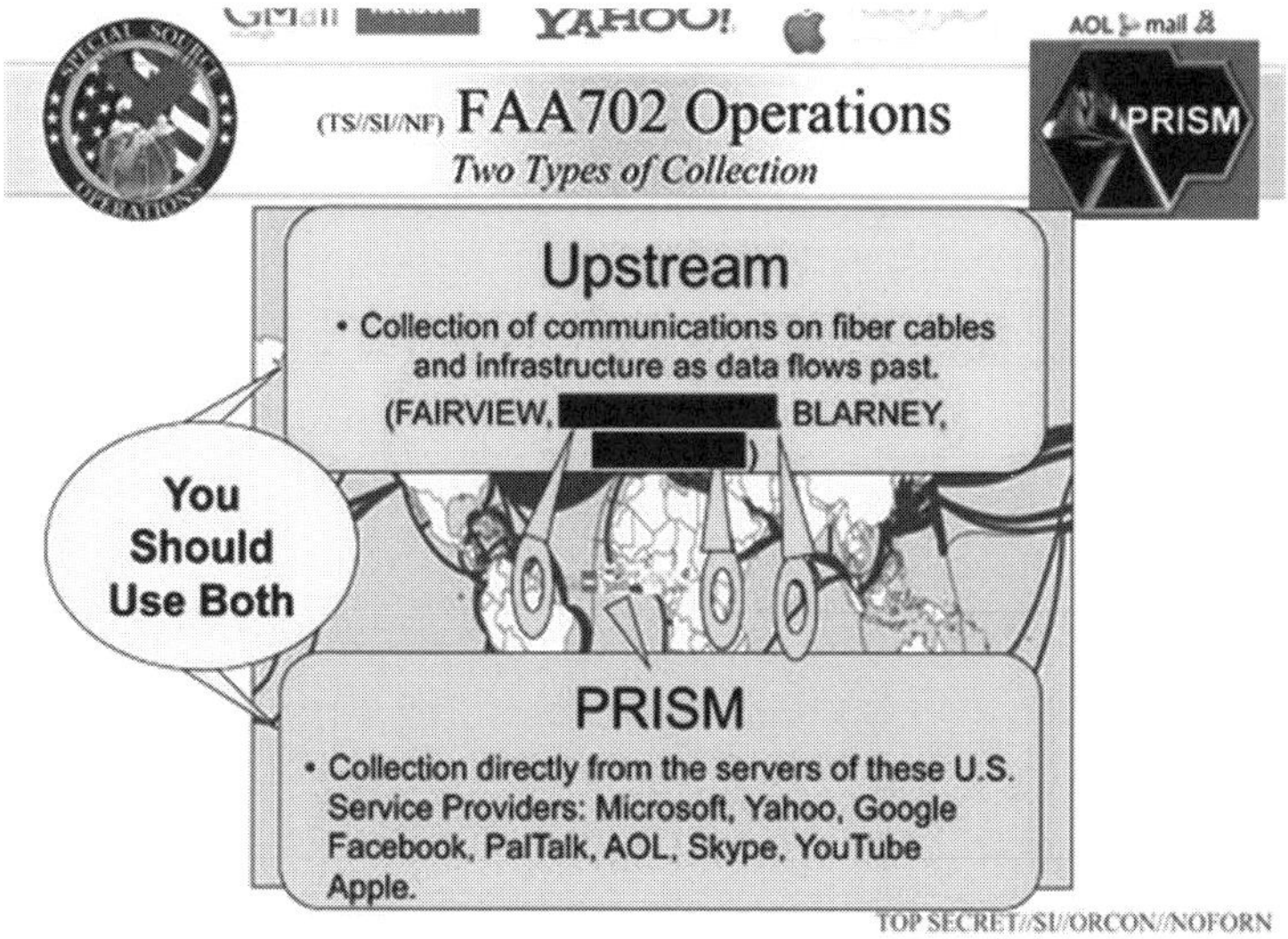

プリズム計画に関する漏洩資料

興味深いのは、協力企業のデータセンターにはデータ取得用のサーバーが設置されているのですが、それはＦＢＩのサーバーなのです。つまり、最初はＦＢＩがスパイ対策やテロ対策で始めたと思われる民間データセンターからのデータ取得に、ＮＳＡも乗っかり、ＣＩＡも乗っかり、三者が協力して運用している。漏洩資料によれば「プリズム計画」はＮＳＡとＣＩＡとＦＢＩ三者の「チーム・スポーツ」だというくらい、協力してやっている。まさにインテリジェンス・コミュニティが機能しているのです。アメリカのインテリジェンス・コミュニティは、本当の意味でのコミュニティであり、羨ましい限りです。

江崎：第二次世界大戦中から戦後、ソ連の暗号電文を傍受・解読したアメリカ陸軍のシギント組織によるヴェノナ・プロジェクトにおいて、暗号電文を解読する際、電文に登場するソ連のエージェントが誰なのか、人物を割り出す情報を持っていたのもＦＢＩでした。ＦＢＩの捜査情報と通信情報を抱き合わせることで、人物の特定を行っていました。そうした歴史を踏まえると、ＦＢＩとＣＩＡ、そして軍がインテリジェンス・コミュニティで連携していく流れができるのもよく分かります。

茂田：アメリカは第二次世界大戦中ですら、ＦＢＩと陸軍シギント組織が協力して双方から優秀な人間を出して、スパイの特定作業をしていたわけです。

組織間の協力体制の欠如が北朝鮮による拉致被害を拡大させた

江崎：組織の連携の重要性を痛感するのが、横田めぐみさんら、北朝鮮による拉致《らち》問題です。拉致問題に関して、１９７０年代に警察や自衛隊は「日本海沿岸に変な船がいる」との電波情報を持っていました。「コリアン・ボート（ＫＢ）情報」と言われます。公安調査庁もそれを把握していました。地元警察も、日本海沿岸で人が突然いなくなる事件を把握していました。外務省は北朝鮮が韓国への浸透工作をやっているとの情報を持っていました。各々がそれぞれ情報を持っていた。にもかかわらず、それらの情報を全部集めて分析し、どう対処すべきかを考えるコミュニティがなかったのです。

茂田：そこに横串を早く通していればよかったのですが。

江崎：横串を通していなかった結果、それぞれ持っている情報がお互い何を意味しているのかがよく分からなかったと言われています。横串を通して分析していればいろいろな分析が可能になり、拉致問題ももっと違った展開にできたはずなのに。だから、２０１３年に第二次安倍政権が国家安全保障会議、国家安全保障局を作り、日本の各情報機関の情報を官邸に集約していく仕組を作らざるを得なかったわけです。

茂田：拉致問題について、先程の江崎先生のご指摘に付け加えるとすれば、海上自衛隊の洋上監視システムです。日本は世界でアメリカに次ぐ多数の、洋上哨戒機を持っています。北朝鮮工作船の監視の視点で洋上哨戒を適切に行っていれば、相当捕捉できたはずです。関係省庁がしっかり横串を通して協力していなかったから被害を拡大させてしまった。被害者や御家族の皆様に申し訳がありません。

江崎：結果論ですが、阻止できたケースがもっとあったように感じています。やはり、組織間に横串を入れる、すなわち協力的なコミュニティを作って、複数のインテリジェンス、捜査機関が連携するのはものすごく重要です。自分が持っている情報が何を意味しているのかは、専門家同士が集まって分析しなければ分からないですから。

茂田：日本はそういった協力体制が、戦前も戦中も、そして戦後も弱いのです。

江崎：本当に弱い。それは政治家が、そうした省庁縦割りのお役所仕事を放置してきているからです。だからこそ第二次安倍政権の時に、安倍さんが国家安全保障会議、国家安全保障局を作って、インテリジェンスを何とか統合してやっていこうとしたのは画期的であり、本当にすごいことです。アメリカに比べれば70年以上遅れていますが、それでも日本にとっては画期的な動きです。

アメリカは外国人のメールを見放題

茂田：プリズム計画の話に戻すと、取得データの対象にメールがあります。Gメール、ヤフーメール、Hotメールなどのウェブメールは、世界のどこで使っていても、そのデータのコピーがアメリカのデータセンターにある確率が相当高いわけです。ある時、ウェブメールを使っている人に「アメリカNSAの附属図書館にデータを寄託していると覚悟した方がいいですよ」と言うと嫌がられたのですが、その覚悟は必要です。

江崎：アメリカ主導のインターネット、通信のプラットフォームを利用するということは、アメリカに自らの情報を提供しているリスクがあることを理解しておくべきですね。タダほど怖いものはない。タダでそれらのメールを使っているのは、データを全部提供しているようなものです。

茂田：ただし、アメリカ国内にいるアメリカ国民のメールを自由に見ることは、NSAにもできません。アメリカ国内での行政通信傍受は基本的にFBIの任務です。その国内の行政通信傍受には対外諜報監視裁判所による令状が必要ですが、まあ秘密令状ですし、その要件は司法傍受と比べて相当緩く、スパイ対策、テロ対策、対外諜報収集の必要性を疎明《そめい》すればOKです。

またNSAは、アメリカ国内にあるデータでも、国外にいる外国人のメールならほぼ自由に見ることができます。更に、この外国人のメールがアメリカ国内と交わしたものであっても、取得できるのです。まあ、基本的に外国人の通信の秘密の保護は薄いですね。

江崎：アメリカ政府は、アメリカ国民の通信の秘密は守るが、外国人の通信の秘密まで守る義務はない、ということですね。安全保障と人権の関係で、国民と外国人の扱いが違う点についても着目しておきたいものです。

茂田：その通りです。国家は国民の人権を守るために存在しているのであって、外国人の人権を守るために存在しているわけではありませんからね。

2013年当時、アメリカの報道で心配されていたのは、スノーデンによる情報漏洩によって、こうした実態が世界中に知られてしまった。そうである以上、今度は外国にあるアメリカ企業のデータセンターに、その国の当局から「データをよこせ」と要求された場合、その企業は拒否できないだろうということです。例えば、「あなたたちはアメリカ国内で、データ提供で協力していますよね。うちの国にデータセンターがあって、その中に、スパイ摘発やインテリジェンスで必要なデータがあるから、関係データを出してください」などと要求されると断れなくなるということです。
私も当時、そうなるだろうと考えました。いくらアメリカ企業が抵抗しても、趨勢を考えれば、世界はそういった方向に動いているのだと思います。ですから、我が国もそれを認識しなければいけません。
江崎：日本政府も当然、アメリカの通信企業に対して、関連するデータをよこせと交渉すべきなんですが、残念ながら現状では、プライバシー保護といった「建前」から行政通信傍受もできないので、そうした交渉をしたくてもできないわけです。
一方、中国はスノーデン事件を受けて、中国国内からのデータの持ち出しを禁じる法律を次々と打っているわけで、それは、こうしたアメリカの情報収集への対抗措置だと考えるのが自然でしょう。
茂田：そういう側面もあると思います。スノーデンによる情報漏洩で、世界中がこれを知ってしまったわけですから、アメリカの真似をするなり、対抗策を講じるなりするのが〝普通の国〟です。日本以外の国は〝適切に〟対応していると思います。
江崎：「日本以外は」ですよね。
茂田：なぜアメリカはそんなに情報が取れるのかと言えば、インターネットは基本的にアメリカ発祥なので、データ量で見ると、まだまだアメリカ中心にデータが動き回っているからです。例えば、インターネット通信の中には、アメリカとは無関係な第三国同士の通信なのに、わざわざアメリカを通っていく通信もかなりあります。そうしたところが、アメリカの力、プリズムの力になっているというわけです。

企業や他国とも協力して行う、通信基幹回線による情報収集

茂田：続いて、②の「通信基幹回線」についてです。通信基幹回線にもいろいろなプロジェクトがあることが漏洩情報で明らかになりました。これを一つひとつ説明し出すとそれだけで一冊の本が書けるぐらいになるので、ここではざっくりと説明します。

まず、次の三つに分かれています。（1）企業協力で行う収集、（2）セカンド・パーティ（ＵＫＵＳＡ諸国）、サード・パーティの国の協力があって行う収集、（3）単独事業での収集、です。順番にもう少し説明します。

（1）企業協力で行う収集

この中に、また大きな計画が四つあります。「ブラーニー」「フェアビュー」「ストームブリュー」「オークスター」です。米国内が中心ですが、国外収集もあります。ここではその中の一つ、国内収集の「ブラーニー」を取り上げます。

「ブラーニー」にもFBIとCIAが関わっています。このデータ収集はアメリカの通信企業30社以上が関与し、アクセスポイントは70カ所以上にも及びます。露骨に言えば、アメリカの主要な通信回線は全て入っていて、アメリカの主要な通信企業も全て関与しているわけです。

これはもともと、FBIが中心となって、外国政府のスパイ対策やテロ対策などの目的で米国内で個別ターゲットを対象に収集を始めたものに、CIAとNSAも乗ってきて、アメリカ国内におけるデータ収集に使うようになったようです。

何でもごっそりと取るのではなく、特定の収集ターゲットを決めています。スパイ容疑の個人を標的にすることもあれば、アメリカ国内の外国大使館が契約している商用通信回線を盗聴するといった形で使われているのです。もちろん、外国公館の機微な通信には暗号はかかっていますが、解読できれば全部分かります。

江崎：当然、ワシントンDCにある大使館関係のところは全て、どこかの通信会社と契約しているので、その契約している会社を通じて情報を収集しているというわけですね。

茂田：基本的にそうなっているということです。

(2) セカンド・パーティ（UKUSA諸国）、サード・パーティの国の協力があって行う収集

これは、UKUSAの協力か、サード・パーティの協力かで大きく二つに分かれます。UKUSAとの協力は「ウィンドストップ」と呼ばれますが、その中でやっているプロジェ

クトは四つあります。

他方、サード・パーティとの協力は「ランパートA」と呼ばれていますが、その中でやっているプロジェクトはかなりの数に上るのですが、詳細はよく分かりません。漏洩情報によれば、ドイツとデンマーク、スウェーデンが協力しているのは確実です。また、おそらく、フランス、韓国、そしてシンガポールも協力しています。他にも協力国あるようですがよく分かりません。

ここではUKUSA協力事業「ウィンドストップ」の中の一つで、セカンド・パーティのイギリスの協力を受けてやっている「インセンサー」というプロジェクトについて説明します。

イギリスの利点は、データの取得に関して〝緩い〟ことです。前述の通り、アメリカの場合、外国人の情報を取得するのはOKだけれど、アメリカ人の情報を取得することに関しては、いろいろと制限がかかります。民主国家であるがゆえに、プライバシーも含めた自国民の人権は保護しなければなりません。しかし、イギリスはその点が緩くて、自国民の情報でもかなり自由に取得できるのです。これは別にイギリスが民主国家ではないという意味ではなくて、情報の取得に対しては〝緩い〟という意味です。イギリスでは調査権限法によって、裁判所の関与なしに、通信傍受に関する大幅な権限が国務大臣に付与されています。

江崎：さすがインテリジェンス大国です。イギリスは、国家安全保障あってこその人権だという政治哲学の国ですからね。

茂田：その上、イギリスは、大西洋間通信の欧州のハブであり、北米と欧州を結ぶ通信の大半はイギリスを経由しています。漏洩資料によれば、イギリスのシギント機関である政府通信本部（GCHQ：Government Communications Headquarters）が通信会社7社の協力を得て、大西洋の光ファイバー回線の英国経由地でデータ抽出システムを設置して、GCHQが関心を持っているデータを抽出しているのです。この抽出能力は膨大で、2012年時点で既に大西洋横断ケーブル200本を抽出対象にした上で、同時に46本以上からデータの抽出処理をしており、かつ抽出能力は増強中であるとされています。

ちなみに、当時の協力企業はケーブル&ワイヤレス（ボーダフォン子会社）、BT、ベライゾン、グローバルクロシング、レベル3コミュニケーションズ、ヴァイアテル、インタルートの7社だそうです。通信基幹回線を敷設している企業は基本的に全部協力しています。

漏洩資料によると、2013年時点で、世界の全インターネット通信の4分の1が、実はイギリスを経由しているそうです。つまり、世界の全インターネット通信の4分の1から情報が取れるというわけです。

スノーデンの漏洩資料には、2010年のGCHQの内部資料も入っていました。その中で、イギリス（GCHQ）は「我々はNSA以上にインターネットにアクセスを持ち、NSA以上にメタデータを収集している」と豪語しています。これは要するに、彼らが自由自在にデータを取得できているという意味です。

江崎：イギリスは人権も含めた法的制約が低い。

茂田：イギリスは「ナショナル・セキュリティをしっかり守って初めて、国民の人権が守られる」と考えています。すなわち、「ナショナル・セキュリティは国民の人権を守るためにある。そのナショナル・セキュリティを守るために国民の通信を聞くのは当然だ」というロジックなのです。

江崎：日本も国家安全保障があってこその人権だという政治哲学を持つ〝したたかな国〟になっていかなければ、ファイブ・アイズに入るなんて無理だし、そもそもアメリカやイギリスなどと一緒にやっていけないという話ですよね。

茂田：日本では、国民の人権とナショナル・セキュリティを対立的に見て「ナショナル・セキュリティは国民の人権を侵害するものだ」とする論者がたくさんいます。

一方、アメリカの連邦最高裁の判決を読んでも、最終的には国民の人権が重要なのです。しかし、国民の人権を守るために、直接的に人権を守る法制度もあれば、ナショナル・セキュリティを守ることによって国民の人権が保障されるという面があるわけです。

連邦最高裁の論理は、ナショナル・セキュリティは国民の人権と対立するものではなく、国民の人権を守るための一つの枠組だと捉えています。この考え方が重要だと思います。

江崎：ただし、旧ソ連や中国といった全体主義、専制主義体制の国では、行政通信傍受を使って政敵を逮捕したり、国民の言論の自由を弾圧したりして結果的に人権を損なっている。通信傍受は悪用されると、人権侵害を引き起こすことになる。だからこそ自由主義体制、民主主義に基づいて政府を統制するデモクラティック・コントロール（民主的統制）をしっかりと効かせないといけない。

茂田：同感です。自由主義、民主主義の大きな枠組の中で、国民の負託を受けた政治家がインテリジェンス・リテラシーを高めて、ナショナル・セキュリティを確保する制度を運営していく必要があります。

なお、この「インセンサー」をはじめとするイギリスのデータ収集システムやそれらのデータの記憶分析システム（コード名「テンポラ」。第六章で説明するアメリカのエクス・キースコアのイギリス版）はNSAにとって極めて重要なシステムのようで、アメリカがイギリスに補助金というか分担金というか資金を出しています。アメリカ政府がイギリス政府にキャッシュを渡しているのです。その予算計上が漏洩資料に出ています。

（3）単独事業での収集

これはNSAが米国外で裏表の手口を使って単独で勝手にやっている情報収集です。これには「ミスティック」「ランパートI／X」「ランパートM」「ランパートT」など五つの計画があるとされていますが、「ミスティック」以外は、どんなことをやっているのか全く分かりません。ここでは、明らかになった唯一の単独事業「ミスティック」について紹介します。

「ミスティック」計画は2009年に開始されましたが、その中には、更に五つのプロジェクトがあります。通信事業会社の合法的な通信サービスを隠れ蓑にして、実は裏から情報を取るもので、アメリカの麻薬取締局（ＤＥＡ：Drug Enforcement Administration）、ＣＩＡ、そして豪州も協力しています。

判明した実施国は、バハマ、メキシコ、ケニア、そしてフィリピンの4カ国です。他に、漏洩資料からは国名は出てきていないものの、諸状況から判断すると、間違いなくアフガニスタンも入っていましたが、スノーデンによる情報漏洩のために中止に追い込まれたようです。中でも興味深いのがバハマです。バハマはアメリカのＤＥＡが仲介しています。

今、世界中の通信メーカーの多くは、その通信システムの標準装備として、デフォルト（初期設定）で、麻薬犯罪取締りや国際犯罪捜査のために、通信傍受できるようにしています。

江崎：デフォルトですか……。

茂田：実はデフォルトで入っています。契約しないと使わせてはくれないのですが、契約するとデータが取れることを、通信会社自体が契約国に教えています。おそらく、日本以外の国はみんなやっていると思います。世界中の国は、そういうシステムを国際犯罪捜査や麻薬取締りのために導入しているわけです。

江崎：そうしないと、結局、麻薬取締りができないということですよね。

茂田：できません。バハマにはアメリカのＤＥＡが仲介してこのシステムが導入されました。おそらくアメリカ企業のシステムです。バハマ政府は知ってか知らずか、あるいは、黙っていろと言われたのか分からないのですが、とにかくこれを使ってＮＳＡが情報を取れるようになった。ＮＳＡにとって素晴しいのは、電話番号などのメタデータだけではなく、電話の通話自体も取れることです。それも過去30日間まで遡って取れるシステムになっているそうです。

日本人はバハマをあまり知らないので、大した国ではないと思ってしまうのですが、バハマはカリブ海の温暖なリゾート地です。ヨーロッパ人は冬に避寒リゾートとしてバハマに大勢来るので、彼らが機微な話をしていると、情報が取れます。金持ち、エリート層、政治指導者も含めて情報が取れてしまうのです。

ＤＥＡが、捜査機関であると同時に、インテリジェンス機関だと言われるゆえんです。ここでもやはり、インテリジェンス・コミュニティが活きている。これを見ると羨ましいなと思います。

江崎：そこまで情報を取っていれば、外交交渉も楽になるわけですね。

茂田：相手の手の内を知った上で交渉するわけですから。スノーデンの情報漏洩が起きた時、アメリカのマスメディアはＮＳＡなどのインテリジェンス機関を叩いていましたが、当時のオバマ大統領はしっかりとインテリジェンス機関側に立って守っていました。委員会が出来て一応改革案が実行されましたが、インテリジェンス力は実質的には削減されていません。なぜなら、大統領は日々インテリジェンスの成果の恩恵にあずかっているからです。外国首脳との交渉の際、大体大統領は事前にその国の交渉ポジションを秘密裡に把握できているのです。これも、インテリジェンス機関のお陰ですからね。

江崎：ロシアのプーチン大統領がスノーデンを匿《かくま》ったのも、インテリジェンスというものを理解しているからでしょうね。

茂田：スノーデンがプーチンに匿われて、結果的にどれだけロシアに情報を漏らしたのかは分かりませんが、ロシアも、プーチンもインテリジェンスの重要性はよく知っています。とりあえず、スノーデンを取り込もうと判断したのでしょう。

江崎：日本もそういう動きができて、徹底的に情報の分析もできるようになると、日本の対外交渉力も上がっていくのですが。

茂田：これが世界だということです。

20世紀から活躍し続けるシギントの主要プラットフォーム

茂田：次は、③の「外国衛星通信の傍受」です。

衛星通信の傍受は、海底電線やマイクロ波の傍受と並んで、20世紀からシギント情報の主要な収集プラットフォームでしたが、21世紀のインターネット時代にあっても依然として主要プラットフォームの地位を維持しています。ＮＳＡの収集拠点は、大規模な傍受施設で収集す

スノーデンによって漏洩された衛星通信傍受局の位置を示す2002年のNSA内部文書
（2013年、ブラジルのグローボテレビネットワークが公開）※図中の青、緑は編集部注

る主要傍受施設、および後述する秘密の特別収集サービス（ＳＣＳ：Special Collection Service）拠点の二つの類型があります。ちなみに、「外国」衛星通信の傍受とは、「外国通信」（少なくとも一方当事者が国外）の傍受であって、必ずしも「外国衛星」の通信傍受を意味するものではないと思われます。

上の図はスノーデンが漏洩した情報で、２００２年当時の世界主要収集拠点地図です。

江崎：約20年前の地図ですね。今はここから相当進展しているでしょう。

茂田：変わってきていると思います。青色で塗られているのが、ＮＳＡの傍受基地で、緑色がセカンド・パーティの衛星通信の傍受基地です（地図左下の「US

Sites」が青色、「2nd Party」が緑色)。中には閉鎖された施設もあります。

主要傍受施設は現在、おそらく10カ所か11カ所ぐらいあるかどうかです。まずアメリカ本土に巨大基地が2カ所あります。イギリス国内にも2カ所あり、一つはイギリスの施設、もう一つはアメリカの施設です。また、中近東のキプロスとオマーンにイギリスの基地があり、アジアでは日本の三沢と、タイのコンケンにアメリカの基地があります。豪州にも2カ所あります。これらは、巨大なアンテナが多数あるところです。

江崎：青森の三沢にも通信傍受基地がありますね。これはロシア、中国、北朝鮮を対象にした傍受基地なんでしょうね。

NSAの外国衛星通信の主要傍受施設の一つ、イギリスのメンウィズ・ヒル

茂田：イギリスの場合、北部のノース・ヨークシャー県のメンウィズ・ヒル(Menwith Hill)にアメリカの傍受基地があり、白く丸い、多数の巨大なパラボラ・アンテナ群があります。イギリス国内の一つの基地でも、これだけのパラボラ・アンテナで衛星通信を聴いていることが分かります。また、これとは別に、イギリスGCHQの傍受基地が、イングランド南西部のコーンウォールのビュードにあります。

外交施設を最大限に活用

茂田：続いて、④の特別取集サービス（ＳＣＳ：Special Collection Service）です。ＳＣＳは、米国大使館等の在外公館を利用したシギント収集活動です。１９７７年にＣＩＡとＮＳＡの共同事業で始まりました。それ以前はＮＳＡもＣＩＡもそれぞれ在外公館でシギント活動を行っていたのですが、ＮＳＡとＣＩＡのどちらが主導するかでかなり揉めていました。当然ながら、その状況は生産的ではありません。結局、「もうケンカを止めてジョイントでやろう」という話になり、両者の機能を統合して１９７７年にできたのがＳＣＳです。そういう経緯があるので、ＳＣＳのトップは、ＮＳＡとＣＩＡが交代で出しています。

ＳＣＳは、世界中の米国大使館や領事館、利益代表部等の外交施設80カ所以上に「ステートルーム（特別室）」というコード名のシギント収集拠点を置いています。そのうち、約40カ所には先程話した衛星通信の傍受アンテナも秘密裡に設置しています。２０１０年付の漏洩情報によれば、拠点は、欧州23カ所、中東19カ所、アフリカ10カ所、南アジア８カ所、東アジア12カ所、中南米16カ所でした。北京、上海、香港、台北や、モスクワ、キーウなどにも拠点があります。

拠点では、建物の屋上や上層階に、電波透過率の高いポリエチレンやセラミックで作った小屋などの偽装工作物を設置して、その中に各種の高性能アンテナを秘匿して設置しています。

また、建物内にはデータ処理や分析のための部屋を確保しています。ただし、このステートルームの活動は極秘事項であり、大使館等の他の大多数の職員に対しては秘匿されています。アクセスしている電波は、マイクロ波、ワイファイやワイマックスなどの無線ＬＡＮの他、携帯電話通信、衛星通信などいろいろです。

ＳＣＳの本部はアメリカ東部メリーランド州ベルツビルにあり、大使館を模した建物が設置されています。これは、訓練施設を兼ねていると推定できます。また、ステートルームの技術支援施設がイギリスのクロフトンの米空軍基地内とタイのバンコクにある施設に置かれており、世界中の拠点に対する技術支援の前線拠点となっています。

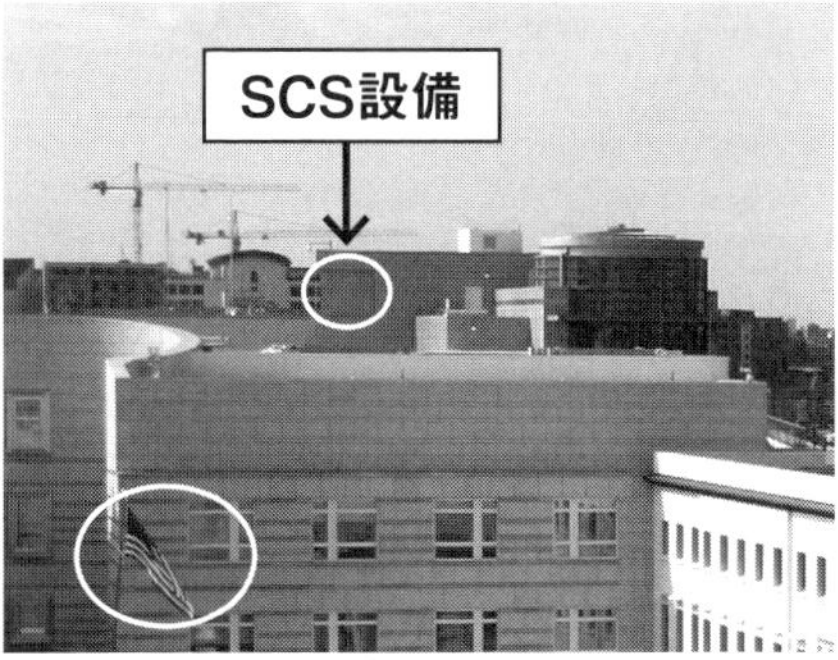

特別収集サービス（SCS）の拠点になっている
在ベルリン米国大使館

上の写真をご覧ください。

この建物は在ベルリンのアメリカ大使館です。屋上に小屋のような建造物が見えます。これは後から作った部分で、実はこの中に各種アンテナが仕込まれているのです。

スノーデンの漏洩事件が起きてから、このアメリカ大使館の屋上や、隣にあるイギリス大使館などを赤外線カメラでチェックする人が現れました。そして、この屋上の小屋の外壁の温度が異常に高いことが観測され、中に熱の発生源、つまり、受信設備があると分かってしまったわけです。イギリ

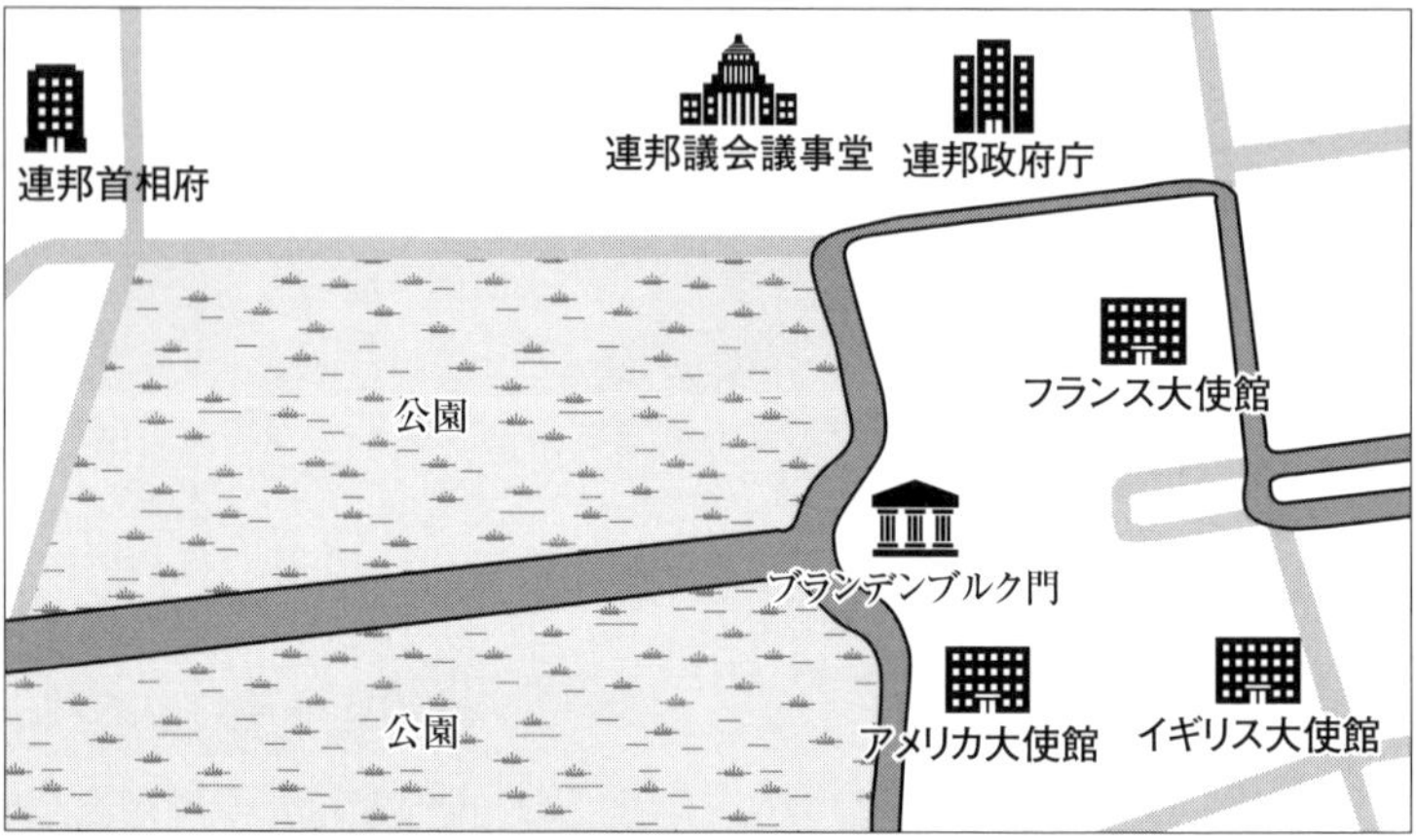

グーグルマップ（2024年3月）などを参照にした、ベルリンのアメリカ大使館の位置関係の簡略図

ス大使館の屋上の施設は円筒形でしたが、この外壁も高温でした。

グーグルマップ等で確認すれば分かりますが、アメリカ大使館の隣には大きな公園があり、その公園の向かい側に首相府や連邦議会があります。収集電波は他の建物などに遮られずに直通するので、電波環境がとても良いのです。

江崎：これでドイツ中枢の情報が取れるわけですね。

茂田：電波が途中で遮断されることなく、ＶＨＦやＵＨＦの超短波の電波が全部直通で流れてきてくれる、素晴らしい受信基地です。メルケル首相（当時）は「携帯宰相」とあだ名されるくらい、仕事で携帯電話を愛用していたのですが、その携帯電話が傍受されていたのです。もちろん暗号が掛かっていたのですが、それも解読されていたのです。

江崎：それはメルケルが怒るわけですね（笑）。そう言えば、東京のアメリカ大使館は、霞が関、つまり各省庁のオフィスや、共同通信会館のすぐ近くにありますね。

茂田：ところが、どうも在日のアメリカ大使館にはＳＣＳの拠点は設置されていないようなのです。漏洩資料には記載がありませんでした。日本はアメリカ・インテリジェンスの重要な標的ですので、ちょっと不思議な感がするのですが、その理由を考えると二つ考えられます。第一に、アメリカ大使館は周辺を高いビルなどで囲まれていて電波環境が悪いこと、第二に、他にシギント情報を得る代替手段があること、です。米国ＮＳＡは他にも対日情報を得る多様な手段を持っていますし、また、確認はしていませんが、イギリス大使館の方が電波環境は良いので、そちらで代替しているのかもしれません。一度、イギリス大使館の屋上を良く観察してみたいと思っているのですが。

ＳＣＳの利点ですが、彼らの内部資料を見ると、まず、地理的利点として「他国という敵対的な空間でありながら、米外交施設というホームフィールドで活動できる。また、顧客に近いところで活動できる」とありますが、まさにその通りです。まず、標的に近い所で安心して活動できる。また、大使というインテリジェンス顧客の近くで、そのニーズに応じた情報を迅速に提供できるわけです。

また、信号アクセスの利点として「マイクロ波、衛星通信、携帯電話通信、無線ＬＡＮなど多様な信号にアクセスして、受動的（passive）なデータ収集の他、積極的（active）なシステムへの浸透とデータ取得が可能」だとしています。要するに、データを受信して拾ってくるだけでだけではなく、ワイファイ通信等を通じて、自分たちから積極的にハッキングを仕掛ける拠点としても使えるというわけです。

江崎：なるほど、ハッキングの拠点でもあるわけですね。

茂田：更に、分析上の利点もあります。相手国に対してシギントを仕掛けるには、相手国の通信インフラやシステム構成の詳細な状況を把握する必要があります。しかし、自分たちの大使館が相手国内にあるわけですから、大使館を利用すれば、相手国の通信システムがどうなっているかなど、合法的な調査活動でかなり調査できます。

江崎：大使館、領事館は、相手国に対するスパイ工作の拠点だと言われていますが、通信傍受の拠点でもあるわけですね。

茂田：その通りです。その他、情報成果の利点として、「国家的需要とともに地域的な需要に応えることができる。現地に対する背景知識、現地情勢や状況変化を踏まえた情報成果を提供できる」としています。

相手国で特定のターゲットの情報収集をしようとする時には、シギントだけでなく、現地駐在員によるヒューミントからもそのターゲットの動きを把握できます。例えば、交換した名刺にメールアドレスがあれば、それも参考にできます。大使館等の外交施設が相手国内にあることで、ヒューミントと統合したシギント活動が活発にできるのです。それによって得られた情報成果は、大統領に提供されるだけでなく、現地の大使館にもフィードバックされます。このように、国家的需要とともに地域的な需要にも応えることができるというわけです。

江崎：日本政府は、国内にある敵対国の大使館の動向を監視していますが、外国、特に敵対国でこういった活動を、日本の大使館がやっているとはとても思えません。

茂田：怖くてやれないでしょう。勝手に大使館を拠点に使って電波収集などをするのですから、違法活動です。一応、建前では国際法上やってはいけないことになっているはずです。あくまでも「建前では」ですが。そして、日本は律儀ですから。

江崎：問題はやはりそこです。国際法を熟知した上で、生き残るため安全保障上は基本的に何でもやるぞと、政治家が腹を括《くく》っていかないといけない。外国の政府、マスコミから日本の大使館が違法活動をしているではないかと非難されても、堂々と白を切る覚悟が政治指導者、政治家には求められているし、国民の側にもそうした政治指導者を支持する見識が必要だということですね。

茂田：それが普通の国です。このような在外公館を拠点としたシギント活動は、ＵＫＵＳＡ諸国だけではなく、当然、ソ連やロシア、中国なども取り組んでいるのです。

江崎：週刊誌で政治家のスキャンダルなどがいろいろ出てきて、それに振り回されるのを見るたびに「そんな些事《さじ》に振り回される暇があるのであれば、政治家はインテリジェンスの問題をしっかりと考えて欲しい」と言いたくなります。

茂田：理解していただきたいですね。

「シギントを進めるヒューミント、ヒューミントを進めるシギント」

茂田：ＳＣＳが優れているのは、ヒューミントがシギント支援するだけではなくて、シギントがヒューミント支援もするところです。

例えば、協力者を獲得したいとします。ターゲットを選んで、ターゲットに接近する際に、そのターゲットがどういう人なのか、人物像を知りたいわけです。

何も情報がない中で接近するのは大変ですが、シギントでＳＮＳやウェブの検索履歴やメールを分析すれば、そのターゲットはどういう人間と付き合っているか、生活習慣はどういうものかが分かります。クレジットカードの使用履歴を見れば、どんな店でどういう買い物をし、どんなレストランでどんな食事をしているかなど、趣味嗜好や人物像がはっきりと出るわけです。こういう調査を「基礎調査」と言いますが、協力者獲得の成否を決する重要な要素です。それが今やシギントでできるのです。

江崎：確かに。クレジットカードの使用履歴を見れば、かなりのことが分かりますね。

茂田：ＣＩＡのエージェントがそうしたシギント情報をあらかじめ咀嚼《そしゃく》した上で、偶然を装ってターゲットに接触すれば、ヒューミントも非常にやりやすくなります。

それだけではありません。ＮＳＡは位置情報も集めているので、ＣＩＡのエージェントが他国の治安機関やセキュリティ・サービスから尾行されていないかどうかをチェックするシステムも開発しています。

敵地でのヒューミントはやはり危険を伴います。日本のような善良な国ばかりではありませんから、下手をすれば、いつ、どこで拉致されて殺されるか分かりません。だから、オペレーション・セキュリティ（作戦保全）のためにもシギントが活用されているのです。「シギントを進めるヒューミント、ヒューミントを進めるシギント」。これが彼らの標語です。これもまた羨ましい話ですが、何もアメリカだけがやっていることではありません。イギリス、カナダ、豪州、そしてニュージーランドもやっています。

江崎：ファイブ・アイズでやっているわけですね。

茂田：おそらく、あちこちで協力しながらやっているはずです。それがファイブ・アイズです。

江崎：生き残るため、自国の安全保障のためには「何でもあり」だと、腹を括っていける覚悟があって初めて、インテリジェンスが成り立つということですね。いくら法律を作り、専門機関を作ったとしても、政治指導者と国民の側の「覚悟」がなければ、十分に機能しないということですね。

茂田：インテリジェンスとは本来、そういうものです。インテリジェンスは法律の世界ではありません。全て腹を括って「何でもあり」でやるのがインテリジェンスの本来の世界なのです。

アメリカはスノーデンの件などで批判されてきたので、民主主義国家ゆえに「やりすぎ」に関しては一定のセーブがかかっているものの、対外インテリジェンスの基本は「何でもあり」です。同じ民主主義国家でも、前述の通り、イギリスなどは、より「何でもあり」の世界です。ましてや民主主義国家でない国のインテリジェンスは、更に「何でもあり」です。

そういった現実を認識せずに、軽々に「ヒューミント組織を作ろう」などと、私は言ってほしくない。「何でもあり」でいくぞと腹を括る覚悟なしに、中途半端なヒューミント組織など作ろうものなら、ボロボロになるだけでは済みません。下手をすると命がなくなります。

江崎：実際に、明治以降の近代日本では、朝鮮半島や中国大陸で多くのヒューミントが命を落としています。

シギント衛星であらゆる位置情報を把握

茂田：最後に⑤の「シギント衛星・機上収集」について見ていきましょう。これは国家偵察局（NRO：National Reconnaissance Office）が打ち上げたシギント衛星、およびシギント航空機によるデータ収集です。

シギント衛星は大雑把にいうと、次の三つに分かれています。

（1）静止衛星

シギント静止衛星「オリオン（Orion）」は、地球の赤道上空3万6000キロメートルにある静止軌道に止まったままで、地上から見るといつも同じ位置にあります。アメリカは継続してシギント静止衛星を打ち上げているので、実際のところ現在何基機能しているのか、よく分かりません。最低でも3基、もしかすると最高で8基が機能しているかもしれません。過去の衛星打上の経緯などを踏まえると、私の推定では、今でも6基ぐらいは赤道上空で機能していると見ています。

静止衛星が取っているのは、信号が直進する通信です。例えば、マイクロ多重通信です。地上で行われているマイクロ通信は宇宙に抜けていきます。それを100メートルもあるような巨大アンテナを立てて取っている場合もあります。その他には、VHS通信、UHF通信、他に第三章でお話ししたテレメトリー信号などです。

(2) モルニヤ軌道衛星

人工衛星の軌道の一つで、長楕円のモルニヤ軌道に置かれている衛星が「トランペット（Trumpet）」です。北半球を中心に3基回っています。シギント衛星としてどういう信号を取っているのかは、公刊資料を見てもどうもよく分かりません。しかし、彼らにとっては重要だからやっているのだと思われます。また、この衛星は第二章でお話しした早期警戒衛星のSBIRS－HEOの機能も担っています。広義の偵察衛星は、全て国家偵察局が担当していますの

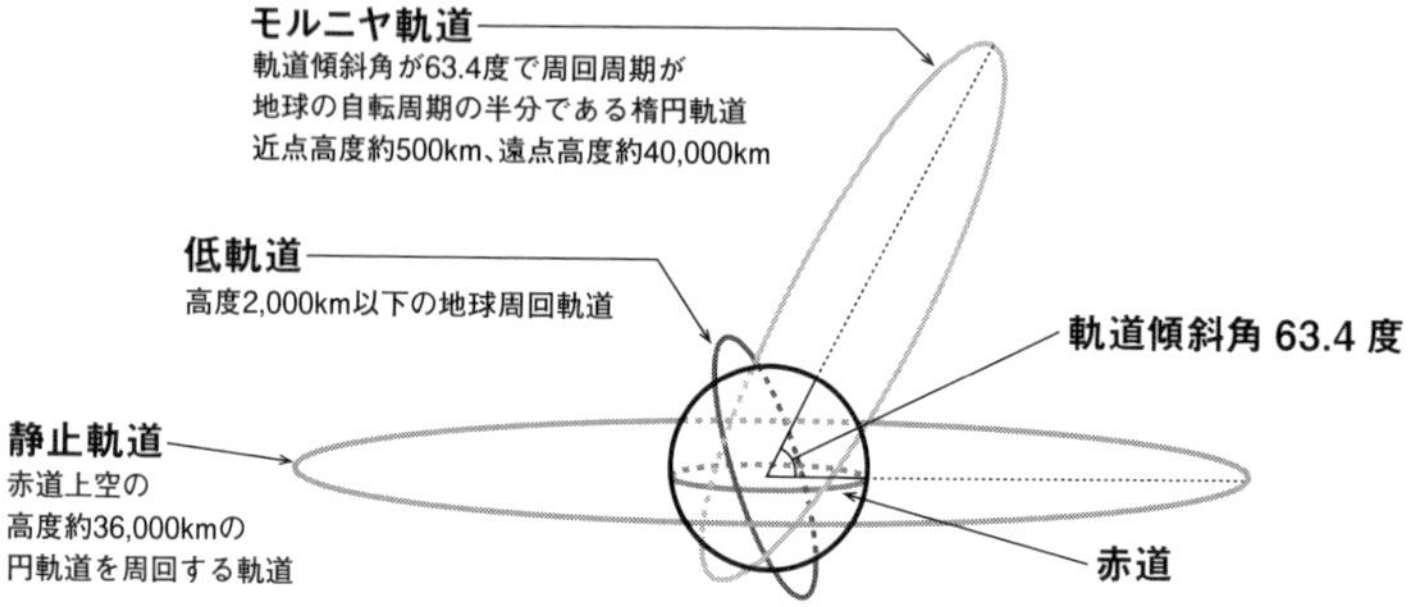
モルニヤ軌道
軌道傾斜角が63.4度で周回周期が
地球の自転周期の半分である楕円軌道
近点高度約500km、遠点高度約40,000km
低軌道
高度2,000km以下の地球周回軌道
軌道傾斜角 63.4 度
静止軌道
赤道上空の
高度約36,000kmの
円軌道を周回する軌道
赤道

※この図は一般的な人工衛星軌道を説明したものであり、
アメリカのシギント衛星がこれらの軌道通りに周回しているわけではありません。
本文にある「トランペット」はモルニヤ軌道衛星の一つですが、
遠点高度約３万 9000 km、近点高度約 1100 km の楕円軌道を周回しているとされています。
また、低軌道のエリント衛星「イントルーダー」は高度約 1100km の円軌道を周回しているとされています。
※説明のため縮尺を調整しているので各高度等の比率は正確ではありません。

人工衛星の軌道の種類

で、同じ衛星にシギント機能と赤外線探知機能と一緒に載せたりできるのです。

（3）低軌道のエリント（ELINT）衛星

「イントルーダー（Intruder）」という低軌道エリント衛星があります。これは2基ワンセットで、現在はおそらく5セットほどが地球を周回していると思われます。

相手が出すレーダー波などから得られる電子情報、すなわちエリント信号の正確な位置とタイプを収集しています。それをすることで、特定の時刻に、地球上のどこに何があったのかが分かります。例えば、他国の哨戒艇、ミサイル駆逐艦、戦闘機などがどこにいるのかが分かるわけです。

なお、エリント衛星は、エリント信号の発信位置の正確な特定が重要なので、位置評定のために3基一組で運用されていたのですが、最近、位置評定の技術が向上したため、２基一組で十分なようです。

江崎：米軍の航空作戦本部（ＡＯＣ：Air Operations Center）などでは、どこにどの戦闘機、飛行機、潜水艦、軍艦がいるのかなどの情報が巨大モニターに詳細に映し出されています。そういった離れ技のようなことができるのは、情報収集で位置情報を把握し、情報を全て統合しているからなのですね。

茂田：そういうことです。単に自分のレーダーで今どこに何がいるかと探知したものを載せているだけではありません。エリント衛星で取ったデータもあれば、通信からコミントでその位置を推定しているものもあります。おそらくそれらを全部総合して、アメリカ軍は位置情報として表示しているのでしょう。

江崎：僕も断片的にしか教えてもらえませんでしたが、ここまで分かっているのかと感心しました。

情報の収集・分析・統合がリアルタイムで行われる〝強み〟

茂田：シギント衛星だけではなくて、シギント航空機による機上収集も行っています。例えば、ＲＣ－１３５は素晴らしい総合シギント機です。これはＮＳＡのナショナル・アセットで、国家諜報計画予算に含まれていますが、実際の運航は、空軍が担当しています。

最近、ウクライナ戦争に関連してRC－135が機上収集をしていることが分かる事件がありました。2022年9月、イギリスが黒海上空でRC－135を飛ばしていたところ、迎撃に上がってきたロシアの戦闘機にミサイルを発射された事件です。

これについては、2023年春、テシェイラの漏洩情報の中に「ロシアの戦闘機のパイロットが、地上基地から『ミサイル発射OK』とゴーサインが出たと勘違いしてミサイルを撃った」という情報がありました。

なぜ、そんなことが分かるのか。合理的に推定すると、イギリスのRC－135がロシアの地上基地と戦闘機パイロットの通信を傍受していたからです。しかも、当然、そうした通信には暗号がかかっているはずですが、RC－135はその通信をリアルタイムで取っていました。そうした情報収集機を黒海にひっきりなしに飛ばしているわけですから、逆に言えば、ロシアが怒るのも自然ではあります。

江崎：そこまでやっているから、これだけのことができているわけですね。

茂田：そうです。RC－135だけでなく、海軍のEP－3Eとか、陸軍のRC－12とか同様の機上収集機もあれば、グローバル・ホー

RC-135

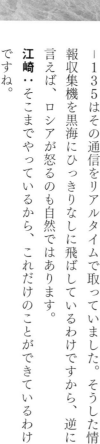

クとかＭＱ－９他の無人収集機もあります。その一つ、米軍のＭＱ－９が、２０２３年3月、黒海上空で、迎撃に上がってきたロシア機と接触事故を起こして水没しました。あれは無人機ですが、飛行区域から判断すると、やはりシギント情報を取っていたと推定できます。

江崎：いろいろな方法を駆使して、多重に情報収集している感じですね。

茂田：ポイントは、全てがリアルタイムに行われる点です。一回行ってから、収集した情報を持って帰ってきて分析しているわけではありません。

MQ-9（無人機）

リアルタイムでどんどんデータを集めて、統合データとして情報処理システムで処理されます。おまけに、例えばアメリカ軍が必要となれば、リアルタイムでそうした情報がどんどん提供されているのです。

更に、その中から政治的価値がある情報は、またどんどん分析され、大統領や、必要ならば関係閣僚、関係省庁にも情報がいくわけです。

江崎：アメリカが強い理由がよく分かります。

茂田：いろいろ、シギント・データの収集態勢について説明しましたが、これでも骨子の骨子です。この背景に更に膨大な収集態勢が構築されているのです。

江崎：これがファイブ・アイズの世界だということですね。岸田政権は日本もその世界に行くことを宣言したわけですから、行けるようにしていくためにも、たくさんある課題を一つひとつ乗り越えていかなければなりません。

第五章 「何でもあり」のインテリジェンスの世界

NSAのハッカー集団TAO

江崎：本章では、引き続き世界各国に対するアメリカの情報収集のすごさ、恐ろしさについて伺っていきます。前章では、アメリカの政府機関の一つであるNSAが通信傍受、盗聴など様々な手段を通じて世界各国の情報を集めている話をしてもらいましたが、その主要な情報取集プラットフォーム、要は盗聴の仕組として、6番目にTAO《タオ》という聞きなれない言葉がありました。TAOとは一体何なのか、基本的なところからご説明いただけますか。

茂田：TAOは一言で言うと、世界最強のハッカー集団です。NSAには、インターネットなどから相手のネットワークに侵入して情報を取ってくる専門部隊があるのです。

江崎：要は、アメリカは、政府として相手のコンピュータに侵入するハッカー集団を持っているということですか。

茂田：はい。前章で見た、NSAの情報収集態勢に関するスノーデンの漏洩情報には、黄色・青・オレンジなどいろいろな種類の丸印があります。その中で注意していただきたいのが黄色の丸印（図では小さな白丸）です。CNE（Computer Network Exploitation、コンピュータ・ネットワーク資源開拓）と書いてありますが、直訳すると、コンピュータ・ネットワークという資源を開拓（exploit）するということです。まあきれいな表現をしていますが、まさにハッキングです。その黄色い丸印がついているところを確認すると、中国にもいっぱいあることが分か

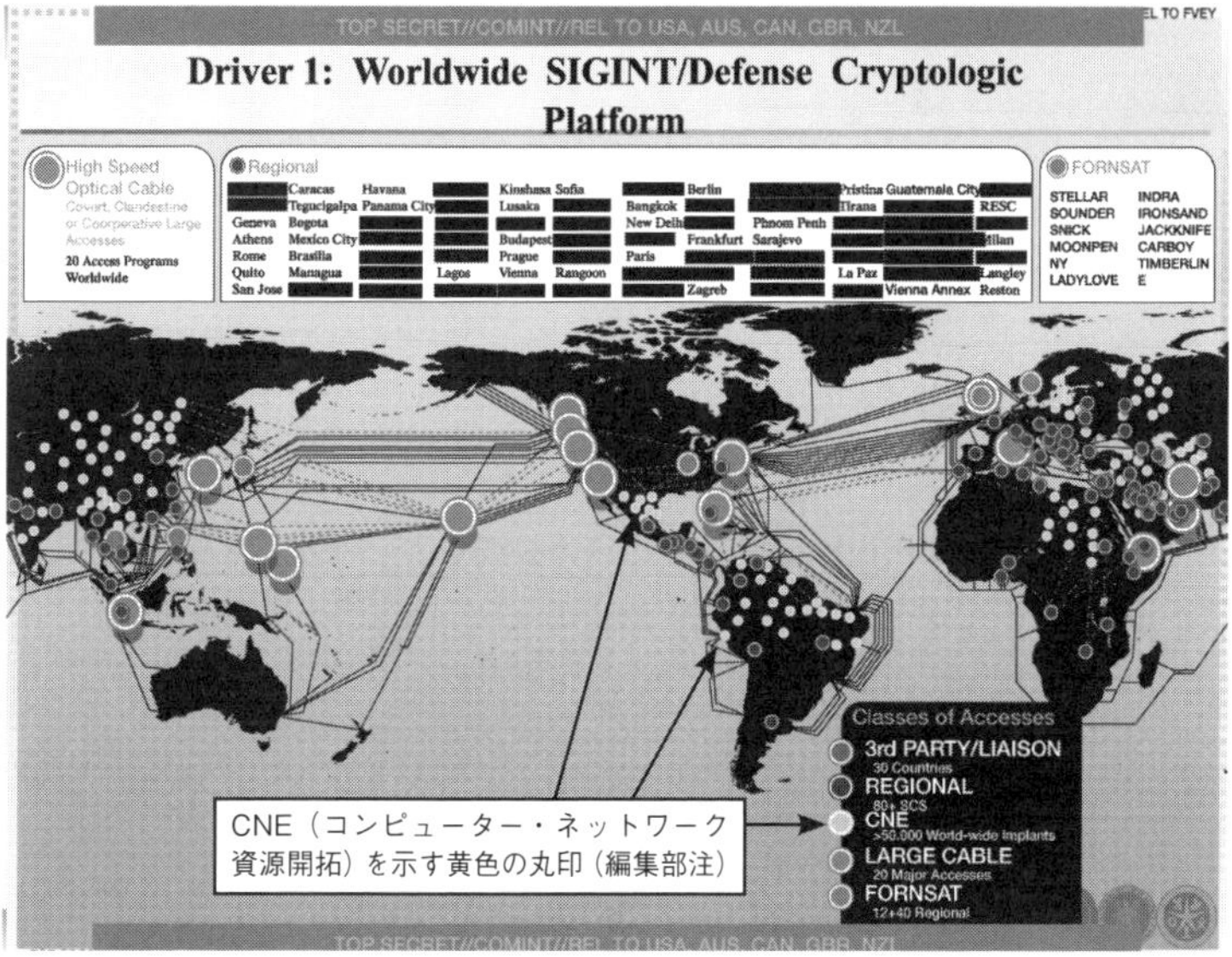

NSAが世界中でどのように情報収集しているかを説明する2012年の内部文書

ります。

江崎：アメリカは中国に対しても積極的にハッキングを仕掛けて、中国のシギント情報を取りまくっているということですね。

茂田：そういうことです。ロシアにもモスクワあたりに黄色い丸印がいっぱいあります。2023年春にテシェイラが漏洩した情報には、ロシア国防省など軍事指揮機構やFSB、GRU、SVRなどインテリジェンス諸機関内部のシギント情報が含まれており、これらの組織のネットワークに対する浸透が伺われます。

江崎：ロシアの政府、具体的には大統領府、国防省、外務省などの主要政府機関のコンピュータに入り込んで、その情報を盗んでいたからアメリカのバイデン政権はウクライナ戦争の時も半年前から「プーチンは戦争をやるぞ」と警告できたわけですね。ファイブ・アイズでアメリカのインテリジェンスを日常的に共有しているイギリス以外の他の国は本気にしませんでしたが、実際、ロシアはウクライナに攻撃を仕掛けたわけです。

茂田：ええ。この黄色い丸印は、ブラジルやインドにも付いています。では、ハッキングと言っても、彼らは具体的にどうやるのか。

そこで出てくるのが、TAOという組織です。TAOとは「Tailored Access Operations」の略で、テイラード（Tailored）ですから、要するにターゲットを決めてターゲットに合わせて攻撃するという意味です。1997年に発足しています。

江崎：クリントン民主党政権（1993～2001）の時ですね。

茂田：クリントン政権の時に発足し、情報が漏洩された2013年時点で、定員が1870人でした。当然、現在は間違いなく大幅に増えているはずです。

国内外を切り分けるのがインテリジェンスの〝常識〟

茂田：TAOの主任務は、先程も出てきたCNEです。CNEとは、彼らの内部文書の定義では中身が二つあります。第一に、まず標的のシステムへのアクセスを獲得する。これはハッキングするということですね。第二に、その標的システムからデータ、情報を取る。この二つを

ＣＮＥだと言っています。

江崎：つまり、アメリカ政府は、外国向けのハッカー集団を１９９７年時点で作っていた。時期としては、まさにこれからインターネットが発展していく時に、本格的にハッカー集団を作っていた、という話ですね。国際法上、問題があるようにも思えますが。

茂田：インテリジェンスの世界、特に対外諜報、フォーリン・インテリジェンスにおいては、基本的に国際法はあまり関係ありません。

江崎：国際社会では、どこの国の軍隊も国際法順守を旨としているわけですが、インテリジェンス機関は国際法順守というよりも、安全保障のためなら「何でもあり」というわけなんですね。確かに外国映画のスパイ映画などを見ていると、相手国の法律も国際法も無視して活動しているように見えますね。

茂田：そうです。ただ現在は、一応タリン・マニュアルというのができまして、サイバー活動に関する国際法案みたいなものですが、そこでもインテリジェンス活動は違法とはされていないと思います。これは倫理的な判断というよりも、対外シギント活動はどの国でもやっているので、違法としようがない、違法と言っても実効性がないという現実を認めたものでしょう。

それに対して、日本には不正アクセス禁止法という法律があります。対外インテリジェンス目的でも日本政府職員は外国に対してハッキングをしてはいけないという解釈となっている、ある意味すごい法律です。

江崎：憲法九条みたいですね。
茂田：民主主義国家のインテリジェンスの世界は、基本的に国内と国外を切り分けます。国外に対しては自由。見つからなければ何でもやっていい、というのがインテリジェンスの世界の〝常識〟です。
江崎：日本も国外でのインテリジェンス活動は、見つからなければ何をやってもいいとしなければならないわけですが、うーん、難しいですね。
茂田：しかし、国内に関しては、相手が自国民なので、インテリジェンスだからと言って何でも勝手にやってはいけないのが原則です。だから、国外に対してインテリジェンス目的でいわゆるハッキングすることに対して、「これは違法行為じゃないか」などという議論は、諸外国ではまず行われません。それが世界の常識であり、実態です。
２０１３年にスノーデンによる情報漏洩があってアメリカで大騒ぎになったのは、国際テロ対策のためとはいえ国民が知らない内に国民のデータをこれほどまでに収集していたのか、という驚きが出発点です。外国の情報を大量に取っているから怪しからんという話ではありません。ちなみに、全体主義国家や共産主義国家のインテリジェンスは、国内でも「何でもあり」です。
江崎：まずは、対外インテリジェンス活動についての世界の常識を知ってもらうことから日本も始めないといけないというわけですね。

秘匿の作戦でサイバー攻撃も？

茂田：スノーデンの漏洩情報によると、ＴＡＯは２００８年時点で２万件以上のシステムにアクセスを確保した、つまり侵入に成功したそうです。その後も成果を上げ続け、２０１１年には７万件近くのシステムに侵入したとあります。ところが、実際にデータを取っているシステムは８４４８件しかない。侵入に成功した標的システムのうちの約12％からしかデータを取れていない。これは、運用面で人が足りないからです。

江崎：単純に人が足りていないという話でしょうか。それとも、マルウェアを仕込むなどして、ハッキングはできたけれど、今は情報を取らずに、いざという時のためにとっておこうという狙いもあるのでしょうか。

茂田：一部にはそうした狙いもあると思いますが、基本的に彼らはシギント組織ですから、データ、情報を取りたいわけです。データを取るオペレーターが足りないということです。

江崎：なるほど。アメリカ政府の専門のハッキング集団ならば何でもできるのかなと思っていましたが、必ずしもそうではないのですね。

茂田：彼らの推計によると、２０１３年末には8万5０００件から9万6０００件のシステムにアクセスを確保する見込みでした。そうなると、データ収集を自動化しなければ対応できないという話になり、２０１３会計年度の国家諜報計画の予算には、操作員不要の自動運用システムの開発が入っています。要するに、標的のシステムに一旦侵入したら、機械が自動的に価値のありそうなデータをどんどん取ってきてくれる、人が張り付かなくていいシステムを開発する、という計画が情報漏洩されていたわけです。漏洩されたのは２０１３会計年度の予算案なので、２０１２年には既に計画されていたことになります。

江崎：２０１２年と言うと、日本で第二次安倍政権が発足した頃ですね。その時点で、オートマチックに情報を取れるような仕組を既に作ろうとしていたと。

茂田：ええ。ですから、間違いなくもうできています。

江崎：それは、できていますよね。

茂田：ＴＡＯの主任務はＣＮＥ、つまりハッキングなのですが、別の漏洩情報の中には、付加的任務としてコンピュータ・ネットワーク・アタック（ＣＮＡ）と、コンピュータ・ネットワーク・ディフェンス（ＣＮＤ）の支援もするとあります。あまり詳しくは書いてないのですが、合理的に考えると、サイバー軍が攻撃担当ですから、サイバー軍の攻撃をＮＳＡが支援するということです。

また、これは漏洩情報では出ていませんが、実際はＮＳ

TAO の概要と主な任務

TAO（Tailored Access Operations）
・1997 年発足　　2013 年度定員 1870 人
・所在地：本部（Fort Meade）
ROC（地域センター）ハワイ、ジョージア、テキサス、コロラド

☆主任務：CNE（Computer Network Exploitation）	
①標的システムへのアクセスを獲得する	
②標的システムからデータを取得する	
○成果：システム侵入（マルウェア累計注入件数）	
2008 年	2 万 1252 件
2011 年	6 万 8975 件　（運用）8448 件
2013 年末計画	8 万 5000 ～ 9 万 6000 件

☆付加任務：CNA 支援、CND 支援、秘匿 CNA

A自体もサイバー攻撃をしているのが知られています。しかし、それは大統領命令に基づく「秘密工作」(covert action) ですから、実行自体を認めません。有名な例が、2010年にイランのナタンツ(イラン中央部の都市)のウラン濃縮施設に対する攻撃です。この攻撃では、スタックスネット(Stuxnet) というマルウェアを使ってウラン濃縮用の遠心分離機を大量に誤作動させて破壊しました。これは、アメリカとイスラエルの共同作戦で、NSAではTAOが担当したと報道されていますが、アメリカは認めません。そういう攻撃を秘密の作戦としてやっているのがTAOグループです。

江崎：要はハッキングだけでなく、サイバー攻撃も実施しているというわけですね。確かに相手のコンピュータに入り込むことができれば、サイバー攻撃も容易にできるでしょうね。

インターネットを介さない物理的な侵入にも対応

茂田：次に、TAOグループの組織について見ていきましょう。

まず、実際にサイバー攻撃を行う作戦実施部門ですが、二つの組織があります。ROC (Remote Operations Center、遠隔作戦センター) とAT&O (Access Technologies & Operations、アクセス技術・作戦部) です。

ROC(遠隔作戦センター) はインターネットを介した「遠隔侵入」(「ネット侵入」とも言

います）を担当する部門です。いわゆる一般的なハッカー集団と同じようなことをしています。ただし、NSAが「通信基幹回線からの収集」「外国衛星通信の傍受」などのため世界各地に設置したシギント・インフラを活用するなど、NSAのシステム力を背景にしてハッキングを行っている点で、一般的なハッカー集団とは大きく異なります。

AT&O（アクセス技術・作戦部）はインターネットを介さない「物理的侵入」を担当する部門です。物理的侵入は、ターゲットの機器を一旦確保したり、あるいは施設に侵入したりして、ターゲットのシステムに直接マルウェア注入したり（ソフトウェアとしてのマルウェアを仕込む行為）、ハードウェアを装入したり（ハードウェアを改変したり設置したりしてマルウェアを仕込む行為）します。「近接侵入」や「ネット外侵入」とも呼ばれます。

江崎：なるほど。国家機密などを扱うため、敢えてインターネットに繋いでいないコンピュータ・ネットワークにもそうやって物理的に侵入するわけですね。

茂田：そういうことです。いわゆる「隔離システム」はコンピュータがインターネットに繋がっていないので、当然、インターネット経由では侵入できません。また、インターネットに繋がっていてもファイアウォールが強固で容易に侵入できないシステムもあります。でも、やはりそういうところからも情報を取りたい。

江崎：そういう場所にこそ重要な情報があります。

茂田：一番の機密情報はそこですね。

江崎：おそらく日本でも同じだと思いますが、重要な情報は当然、ネットからは遮断されているはずです。だから、遮断しているところまで入り込んで、情報を取るということですね。

茂田：ええ。そうした物理的侵入にも対応できるチームが必要だから、ROCとAT&Oの二本立てで彼らはやっているのです。

江崎：相手からなんとしても情報を盗もうという執念を感じます。

マルウェアを開発し、製品カタログまで作成

茂田：TAOには、ROCとAT&Oという作戦実施部門の他に、企画調整、開発・兵站《へいたん》を担当する部門も存在しています。

江崎：ハッカー集団に開発・兵站部門が必要なんですか。

茂田：それがまさにNSAのTAOの特徴ですね。

まず、作戦の企画調整や管理を行っているのはR&T（Requirements & Targeting）という部署です。

次に、ANT（Advanced Network Technologies）という部署がありますが、これは要するに「ハッキング」機材の開発専門部署です。ネットワークに侵入したり、携帯電話やコンピュータからデータを収集したりするためのマルウェアやハードウェアの開発を担当しています。

江崎：ハッカーのための専門ソフトや機材を開発するチームもあるとは。

茂田：後程詳しく説明しますが、実は彼らの開発した機材の製品カタログまであるのです。2008年時点のカタログがドイツのシュピーゲル誌（※1）に漏洩され、ウェブサイトで紹介されています。もっとも、紹介されている機材は、全体の一部であり、かつ現時点から見れば旧式のものが多く、最新型ではありません。それでもなお、NSAがデータ収集においてどのような機材と手法を使用しているか、また、NSAがどれだけの努力を傾注しているかが分かる重要な資料です。

江崎：その機材は、日本が買いたいと言えば買えるものなのですか。

茂田：組織の中だけの機密の機材ですから売りません。おそらくUKUSA諸国には売ると思います。

江崎：なるほど。ファイブ・アイズでなければ買えないのですね。

茂田：彼らは巨大な組織ですから、製品カタログを作ることで「我々はこういう機材を持っていますよ」と組織内に周知しているわけです。シュピーゲル誌のウェブサイトで紹介しているその中身を見ると、NSAは諜報活動に役立つと考えられるものなら何でも開発していると推定されます。

ANTの製品には、遠隔侵入でも注入可能なものが多いそうですが、紹介されている製品は、近接しての物理的侵入で使うものが多くを占めるようです。

マルウェアは、基本的に、BIOS（コンピュータのマザーボードに搭載されている、OSの起動や周辺機器の制御などを行うソフトウェア）内に注入あるいは装入するよう求められており、これによって、ハードドライブを消去してオペレーティングシステムなどのソフトウェアを全て消去しても、生き残るように工夫されています。また、ウエスタン・デジタル、シーゲート、マックストアやサムスンなどが製作したハードドライブ内のファームウェアに工作して探知されないように埋め込まれたマルウェアもあるようです。

単なるハッカー集団ではなく「大規模装置産業」

茂田：他にはTNT（Telecom Network Technologies）という部署があります。ここはどうやら、インターネットの通信ネットワークからデータを収集するための技術開発を担当しているようです。おそらく、携帯電話の交換器を乗っ取るなどしてそこからデータを取ったり、彼らの漏洩資料には「ネットワーク・シェイピング」という言葉がありますが、ネットワーク形成とかネットワーク造形と翻訳するのでしょうか。つまり、世界のインターネットのネットワークの

※1　シュピーゲル誌：ドイツを代表する総合週刊誌。1946年創刊の『ディーゼ・ボッヘ』を前身とし、1947年、現名に改称。時の政権や政治家に批判的な姿勢が特徴で、論争を呼ぶような記事を多く載せることで知られる。誌名は「鏡」の意味。

データの流れを自分たちの都合のいいように変えたりするオペレーションまでもやっていると思われます。

次に、DNT（Data Network Technologies）という部署があります。アクセスを確保した標的システムとの間で指令やデータを送るためのソフトウェアやシステムの開発を担当しています。例えば、侵入した標的からデータを吸い取ったり、あるいはハッキングしたりしていること自体を相手に察知させないように、そのためのソフトウェアやシステムを開発しているということですね。

専門家の中には、ネットワークのデータ送受信ログ（記録）を見ればハッキングされているかどうかが分かるという人がいますが、それを分からないようにするのがプロの仕事です。2023年5月に、FBI、NSAなど関係機関が連名で「スネーク」というマルウェアを公表しました。これはロシアの諜報機関FSB系のハッカー集団Turlaが作ったマルウェアですが、世界50カ国以上の数百のコンピュータに感染していたそうです。ところが、感染コンピュータとの交信は巧妙に正常通信に偽装していて、その探知は困難を極めたと言います。このようにロシア側も探知されないように工夫をしているのです。当然、NSA側はそれ以上の探知困難な通信方法を開発しているはずです。

江崎：いくらアメリカと言えども、外国政府機関に対するハッキングがバレたら国際問題になりかねないわけですから、「ハッキングしていること自体を相手に察知させないようにしたり

TAO グループの各部署

(1) 作戦実施部門
○ ROC（Remote Operations Center） 遠隔侵入（remote access, on-net） ○ AT&O（Access Technologies & Operations） 物理的侵入（physical access, off-net, close access）

(2) 企画調整・開発・兵站部門
・R&T（Requirements & Targeting）作戦の企画調整・管理 ・ANT（Advanced Network Technologies）「ハッキング」ソフト・ハード開発 ・TNT（Telecom Network Technologies）通信網からのデータ収集技術開発 ・DNT（Data Network Technologies）標的との送受信ソフトウェア開発 ・MIT（Mission Infrastructure Technologies）作戦用ネットワークの開発配備

するようなソフトウェア」も開発しているというわけですね。

茂田：それから、MIT（Mission Infrastructure Technologies）という部署があります。ここは作戦を支えるネットワーク・インフラ、ハードウェアのインフラを担当している「兵站」部門です。

なお、ANTとか、TNT、DNT、MITとか、ちょっと読んでも内容が分かり難い名称ですが、これはわざとそうしていると思います。組織内部の者が分かれば良いので、外部の者が理解しやすい名称にする必要がないのです。

このように全体を見ると、TAOは単なるハッカー集団ではなくて、「大規模装置産業」と表現した方がしっくりくるでしょう。

江崎：ハッキングに関する総合的な技術開発をしている大規模な会社みたいなものですね。

アメリカの真似をしない日本の異常性

茂田：余談ですが、今ではロシアのハッカー集団なども、マルウェア開発やハッキング実行など、それぞれの担当者の分業体制になっているようです。おそらく、アメリカの体制を追いかけているのでしょう。

江崎：中国もそれを理解して、似たような体制を一生懸命作っています。

茂田：彼らもアメリカの漏洩情報を研究していますから。

江崎：おそらくそれを踏まえて、中国の通信会社であるファーウェイ（華為）やZTEあたりにソフトウェアやハードウェアの開発をやらせている可能性があるということですね。

茂田：分業体制を作ってやっていると思います。

江崎：アメリカは自分たちと同じようなことを中国もやっているのを分かっているから、ファーウェイやZTEの製品を使うのはマズいと理解しているという話ですね。

茂田：要するに、世界中やっていることは同じなのです。NSAの思いついた斬新なやり方も、バレたら他の国がすぐ真似するわけです。

江崎：問題は、日本が真似をしていないってことですよね。

茂田：そうです。だから、日本だけが「異常社会」です。指をくわえて見ていたり、そもそも目隠しして見ていなかったりするのが日本の異常性です。他の国が普通にやっていることでも、日本人は「これは悪いことじゃないのか」「違法行為じゃないか」と思うわけです。

世界の本当のインテリジェンス関係者でそんな発想をする人は誰もいません。斬新な手口でやられたら「俺たちもすぐに真似してやり返すぞ」と考えるのがインテリジェンスの世界です。

江崎：確かに日本の政治家、官僚、インテリジェンスの専門家たちの大半が、アメリカや中国のように法的根拠がない違法行為なんて日本ができるわけがないと勝手に決めつけて、思考停止状態に陥っているように思います。

政府機関に民間と同じ技術力があるアメリカ

茂田：前述のANTグループの製品カタログについても少し紹介しておきましょう。漏洩された製品数は50ほどあるのですが、そのうちのJETPLOW（ジェットプロー）という製品です。これはファイアウォール用のインプラント（マルウェア）ですが、対象はシスコシステムズ（米カルフォルニア州サンノゼに本社のある、世界最大のコンピュータ・ネットワーク機器開発会社）の製品です。システムへの注入に成功すれば、その後はTAOのROC（遠隔作戦センター）からインターネット回線を通じて操作します。これとは別に、ファーウェイやジュニパーなど各会社のファイアウォール用インプラントも開発済みです。

江崎：要するに、世界中の企業が高度なセキュリティ・ソフトを入れているけれど、それを突

したANT製品（一部）

1個30ドル。「レイジマスター」に遠距離から「CTX4000」という装置を使って特殊なレーダー波を照射すると、モニター画面用コード内を通る信号内容を反映してレーダー波を変調する。この変調レーダー波を受信して、増幅復調するとモニター画面が再現できる。

日本の国連代表部に対する情報収集手法「バグラント」の構成要素

⑦キーボード情報発信器

○「サーリー・スパーン」～キーボードに仕込んだ微小発信機により、キーボードの打鍵状況を電波（方形波）で発信。1個30ドル。遠距離からこれに「CTX4000」という装置を使ってレーダー波を照射して捕捉し、増幅復調して打鍵情報を取得する。先のモニター画面情報発信器と同類。この発信電波の探知は極めて難しいと見られる。

⑧微量電波受信装置「CTX4000」～レーザープリンター等は、発信機を仕掛けなくても、本器材で受信復調可能とされる。

EUの国連代表部のレーザープリンターからの情報収集手法「ドロップマイヤー」は、この受信装置を使用していたとされる。

⑨無線ＬＡＮ侵入通信用装置

○「スパローⅢ」～無線LANの存在を探知するシステム
○「ナイトスタンド」～無線LANに侵入して任意の端末にマルウェアを注入可能。
理想的な環境では8マイルの遠距離からも注入に成功。
両者共に、ドローン（無人飛行機）に搭載可能。

⑩携帯電話用各種装置

○「ドロップアウトジープ」（2008年現在開発中）～アイフォン用インプラント。標的アイフォンから、ファイルデータの取得と挿入、ショートメールサービス記録、通信した相手、ボイスメール、位置情報の取得ができ、更にマイクとカメラを勝手に起動できるというものである。一言で言えば、アイフォンをその使用者に対する監視器材に転換するソフトウェアである。
当面（2008年）は近接侵入用が提供され、遠隔侵入用は将来開発予定。
○特殊加工の携帯電話（2008年時点ではサムスン、東方通信用）～監視・情報収集用にインプラントなど特殊加工をした携帯電話。サムスン等の本物そっくりであり、標的者の携帯と摩り替えるか、協力者やエージェントに所持させて、遠隔地から自由に情報を収集することができる。
○「キャンディグラム」～電話通信塔機能を有し、本機材を設置すると、標的携帯端末が通信エリア内に入ると、その事実を自動的に遠隔地の司令部まで通報するシステム。

シュピーゲル誌が報道

①ファイアウォール用インプラント（「シスコ」「ジュニパー」「華為」）

○「ジェットプロー」～シスコの PIX、ASA シリーズのファイアウォール用インプラント。システムのバイオスに注入。注入後は NSA・TAO の遠隔作戦センター（ROC）からインターネット回線を通じて操作。幅広く使用されているとされる。

○「フィードスルー」～ジュニパーの「ネットスクリーン」シリーズのファイアウォール用インプラント。NS5XT、NS25、NS50、NS200、NS500、ISG1000 の 6 モデルに適用可能。

○「ハルックスウォーター」～華為ファイアウォール用インプラント。

②ルーター用インプラント（「ジュニパー」「華為」）

○「ヘッドウォーター」～華為ルーター用インプラント。システムのバイオスに注入。遠隔注入も可能とされる。注入後は NSA・TAO の遠隔作戦センター（ROC）から操作。
（なお、「ターボパンダ」プロジェクト（華為ネットワーク機器を標的とした NSA と CIA の共同事業であるが、詳細不明）で使用できる様に作られている。）

○「スクールモンタナ」「シエラモンタナ」「スッコモンタナ」～ジュニパー用。

③サーバー用インプラント（「デル」「ヒューレット・パッカード」他）

○「アイアンシェフ」（料理の鉄人）～ヒューレット・パッカード用インプラント。物理的侵入によるハードウェアとソフトウェアの装入が必要。隔離（インターネット回線に接続されていない）システムからのデータ収集用。装入後は、標的の隔離システムから、無線で秘匿の中継用システム（プリンター、サーバーやコンピュータ等を利用）を経由して、更に無線で NSA・TAO の遠隔作戦センター（ROC）から操作する。

④各種コンピュータ端末（種々）

○「ギンス」～ウィンドウズ・ビスタ搭載の全ての端末に対応。物理的侵入によるハードウェアとソフトウェアの装入が必要。無線により遠隔操作。

○「アイレイトモンク」（怒れる修道士）～物理的侵入でも遠隔侵入でも、注入可能なインプラント。インターネット回線を通じて操作。

⑤偽装 USB コネクター無線送受信機。遠隔操作可能。

○「コットンマウスⅠ」～短距離の無線通信可能。50 個約 100 万ドル。

○「コットンマウスⅡ、Ⅲ」～他のインプラント装入のパソコン端末等を経由して無線通信の可能距離を延伸。

⑥モニター画面情報発信器

○「レイジマスター」～モニター画面用コードに仕込んだ微小発信機。

破するためのソフト開発をアメリカ政府として一生懸命やっているという話ですね。

茂田：そして、それをもう既に使っているということです。ファイアウォール用だけではありません。ルーター用やサーバー用、各種コンピュータ端末用のインプラントも開発済みです。

その他、面白いものでは、USBコネクターに偽装した送受信機もあります。パソコンは他の機器との接続にUSBコネクターを使用するわけですが、普通のコネクターだと思って使っていたら、実はそれが外部から遠隔操作をするための送受信機だったというものです。

それからターゲットのモニター画面のデータを盗み取る機器や、ターゲットがキーボードで打ち込んだ内容を全部送信させて筒抜けにするようなものもあります。無線LANへの侵入装置もあります。

すごいのは、この製品カタログの中に電波塔の料金まで載っていることです。要するに、携帯電話をハッキングするために自分たちで電波塔を偽装して建てるわけですが、その料金まで載せてある。

江崎：アメリカ政府は、世界中から情報を取るために、死力を尽くしてあらゆることをやっているということですね。

茂田：そういうことです。技術レベルに関して言うと、日本の場合、政府には技術がなくて、民間がすごい先端技術を持っている、という感覚が一般的だと思います。しかし、アメリカの場合、NSAが民間と同じ、あるいはそれ以上の先端技術を持っています。それだけの技術力

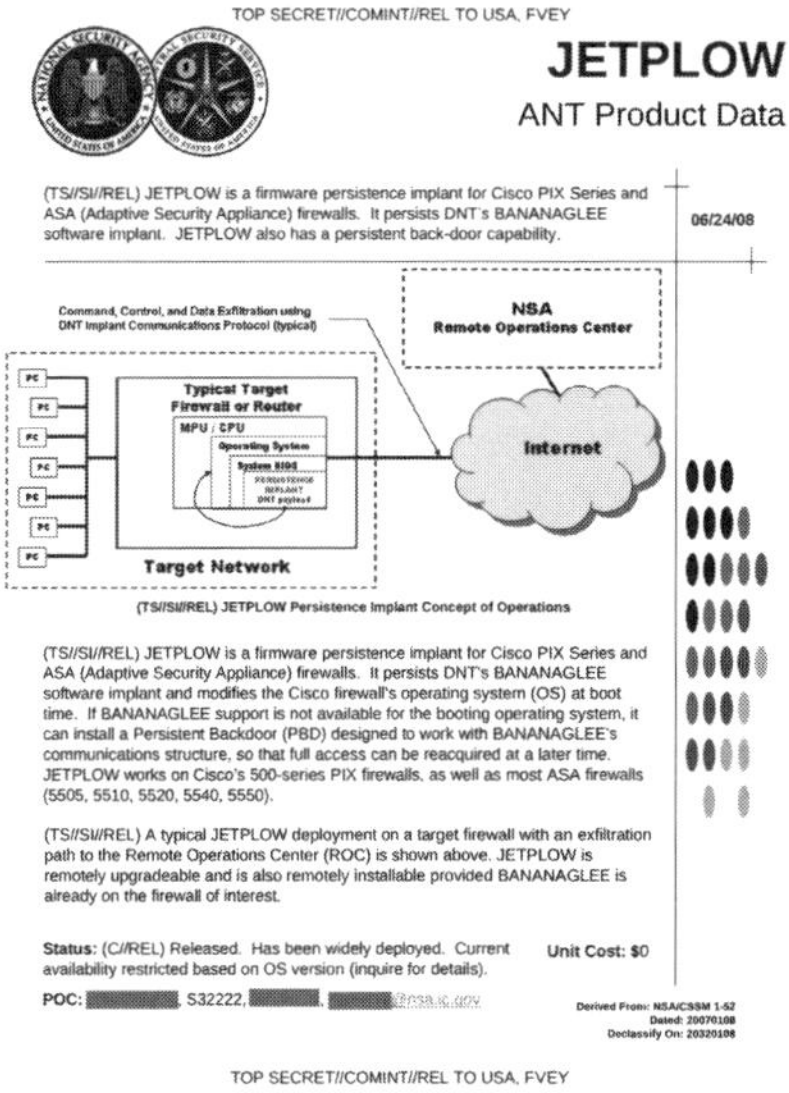
TOP SECRET//COMINT//REL TO USA, FVEY

JETPLOW

ANT Product Data

(TS//SI//REL) JETPLOW is a firmware persistence implant for Cisco PIX Series and ASA (Adaptive Security Appliance) firewalls. It persists DNT's BANANAGLEE software implant. JETPLOW also has a persistent back-door capability.

06/24/08

(TS//SI//REL) JETPLOW Persistence Implant Concept of Operations

(TS//SI//REL) JETPLOW is a firmware persistence implant for Cisco PIX Series and ASA (Adaptive Security Appliance) firewalls. It persists DNT's BANANAGLEE software implant and modifies the Cisco firewall's operating system (OS) at boot time. If BANANAGLEE support is not available for the booting operating system, it can install a Persistent Backdoor (PBD) designed to work with BANANAGLEE's communications structure, so that full access can be reacquired at a later time. JETPLOW works on Cisco's 500-series PIX firewalls, as well as most ASA firewalls (5505, 5510, 5520, 5540, 5550).

(TS//SI//REL) A typical JETPLOW deployment on a target firewall with an exfiltration path to the Remote Operations Center (ROC) is shown above. JETPLOW is remotely upgradeable and is also remotely installable provided BANANAGLEE is already on the firewall of interest.

Status: (C//REL) Released. Has been widely deployed. Current availability restricted based on OS version (inquire for details).

Unit Cost: $0

POC: [redacted], S32222, [redacted], [redacted]@nsa.ic.gov

Derived From: NSA/CSSM 1-52
Dated: 20070108
Declassify On: 20320108

TOP SECRET//COMINT//REL TO USA, FVEY

漏洩したJETPLOWの製品カタログ

がある。

江崎：遅まきながらも、日本もアメリカと同じ方向に踏み込んでいくべきだと思います。しかし、安保三文書を見る限り、そこまで踏み込んでいく感じではないですね。まだその前提の段階の話で終わっています。アクティブ・サイバー・ディフェンスに関しても「他の国のコンピュータに侵入してはいけない」という憲法九条的な発想によってがんじがらめになっています。要は不正アクセス禁止法といった法律を変えなければいけない段階で苦労しているのが日本の現状です。

茂田：他の国はみんな山の7合目、8合目まで登っているのに、日本は登ろうかどうしようかとまだ一合目で迷っています。

江崎：昔は登ろうともしていなかったので、登ろうとするようになっただけまだマシという気がしないでもないですが。

茂田：そこは進歩ですね。

「いつでも、どこでも、どんな手段を使っても」

茂田：では、具体的な侵入方法として、遠隔侵入と物理的侵入について見ていきましょう。まず遠隔侵入ですが、前述の通りROC（遠隔作戦センター）というグループが担当しています。彼らのモットーは「Your data is our data, your equipment is our equipment- anytime, anyplace, by any legal means.（君らのデータは我らのデータ、君らの機器は我らの機器。いつでも、どこでも、どのような法的手段を使っても）」です。「法的根拠に捉われずに、どんなシステムにも侵入するぞ」ということですね。まさに彼らの任務を象徴しています。

江崎：国の安全を確保するためには、どんな手段でも使ってやるという姿勢は国家として当然です。それにしても「Your data is our data」というのはたまらない（笑）。

茂田：これを聞くと、日本では「アメリカは怪しからん」と感じる人の方が多いでしょう。しかし、違うのです。別にアメリカだけではない。普通の国は、みんなアメリカと同じような発想で、インテリジェンスを駆使して、必死で情報を集めています。問題はその力があるかどうか、技術力があるかどうかだけの話です。

江崎：アメリカは自分たちがこういうことをしているからこそ、「中国も同じことをやってくるぞ」と一生懸命、対策をしているということですよね。

茂田：中国だって当然やっています。そもそもアメリカがどうこう以前に、どこの国でも、真っ当なインテリジェンスをしていれば、同じようなことを考えているのです。どんな手段を使ってでも情報を取りたいと考えるのがインテリジェンスの世界ですから。

江崎：憲法や法律の枠内で、できることだけやればいいというお役所仕事のままだと、アメリカをはじめとする同盟国にも相手にされないし、何より中国やロシア、北朝鮮には対抗できないということですね。

偽サイトにおびき寄せてマルウェア注入

茂田：では次に、ROCはどのような手法で遠隔侵入を行っているかについて見ていきましょう。

過去にはスパムメール（マルウェア添付、あるいは偽装サイトへのリンク付）を使っていましたが、2013年時点で既に成功率が1％以下になってしまったそうです。そのため、現在では「側面者攻撃（Man-on-the-Side-attack）」と「中間者攻撃（Man-in-the-Middle-attack）」という二つの侵入方法を主軸にしています。

まず「側面者攻撃」から説明します。

側面者攻撃は、ターゲットが通信をしている時に、横側から入り込んでその通信を乗っ取り、自分たちのところに通信を接続させてしまうという手法です。「クオンタム」という一連の諸計画で行われ、2005年に開始して以来、大きな成功を収めてきたと言います。

ここでは「クオンタム」諸計画の中でも最初に実用化された「クオンタム・インサート」計画を例に説明します。

システムの基本構造は、①データ取得制御器（Switch Controller）、②「ターモイル」、③「タービン」、④「フォックス・アシッド」サーバーという四つで構成されています。

①のデータ取得制御器は、通信基幹回線や外国衛星通信の傍受拠点に設置されているデータ取得のための制御装置です。

②の「ターモイル」システムは、データ取得制御器から送られてきたデータに対するセンサー装置であり、ＩＰアドレスデータ等から一定の通信を選択して抽出します。

③の「タービン」システムは、②の「ターモイル」システムが標的通信であると判断して送信してきたデータに対して一定の加工を施し、「フォックス・アシッド」サーバーに誘い込むための信号を送信するシステムです。

つまり、①～③が④の「フォックス・アシッド」サーバーに誘い込む仕掛けになっています。

④の「フォックス・アシッド」サーバーは、インターネットに設置したマルウェア注入用サーバーです。そこには実在の多くのウェブサイト、例えば、ヤフーやフェイスブックをはじめ、ＩＴ関係者に人気のサイトであるLinkedInやSlashdot.orgなどを完璧にコピーした偽装サイトが設置してあります。要するに、標的の端末がこのＮＳＡの偽装サイトにアクセスすると、マルウェアが注入されるというわけです。

例えば、NSAが標的にしているターゲットがLinkedInのサイトに接続しようとして自分の端末を操作するとします。そうすると接続要求の信号がインターネット回線を通ってLinkedInサイトのサーバーに向かいますが、それがまず回線の途中に設置してある①データ取得制御器でコピーされ、②「ターモイル」システムに送られます。そして、「ターモイル」システムが接続要求を発信している端末を標的端末だと認識すると、今度は③「タービン」システムに送信され、「タービン」システムは、「フォックス・アシッド」サーバーに誘導するために必要なデータを付加したデータを標的端末に向け送信します。標的端末がそのデータを受信すると、それに誘導されて④「フォックス・アシッド」サーバーに接続し、マルウェアを注入されてしまう、という流れです。

江崎：「標的の端末、つまりパソコンやスマホがこのNSAの偽装サイトにアクセスすると、マルウェアが注入される」となると、どうやって防いだらいいのか。

茂田：ここで重要なのは、標的端末に、本物のLinkedInサイトからの返信よりも早く「タービン」システムから、「こっちにおいで」と「フォックス・アシッド」サーバーへ誘導する信号が到達することです。この速度競争にNSAのシステムが勝利し、標的端末を一旦「フォックス・アシッド」サーバーに接続させてしまえば、後は標的端末の脆弱《ぜいじゃく》性を狙ってマルウェアを送り込むだけです。LinkedIn偽装サイトにおけるマルウェアの注入成功率は50%を超えるとされています。

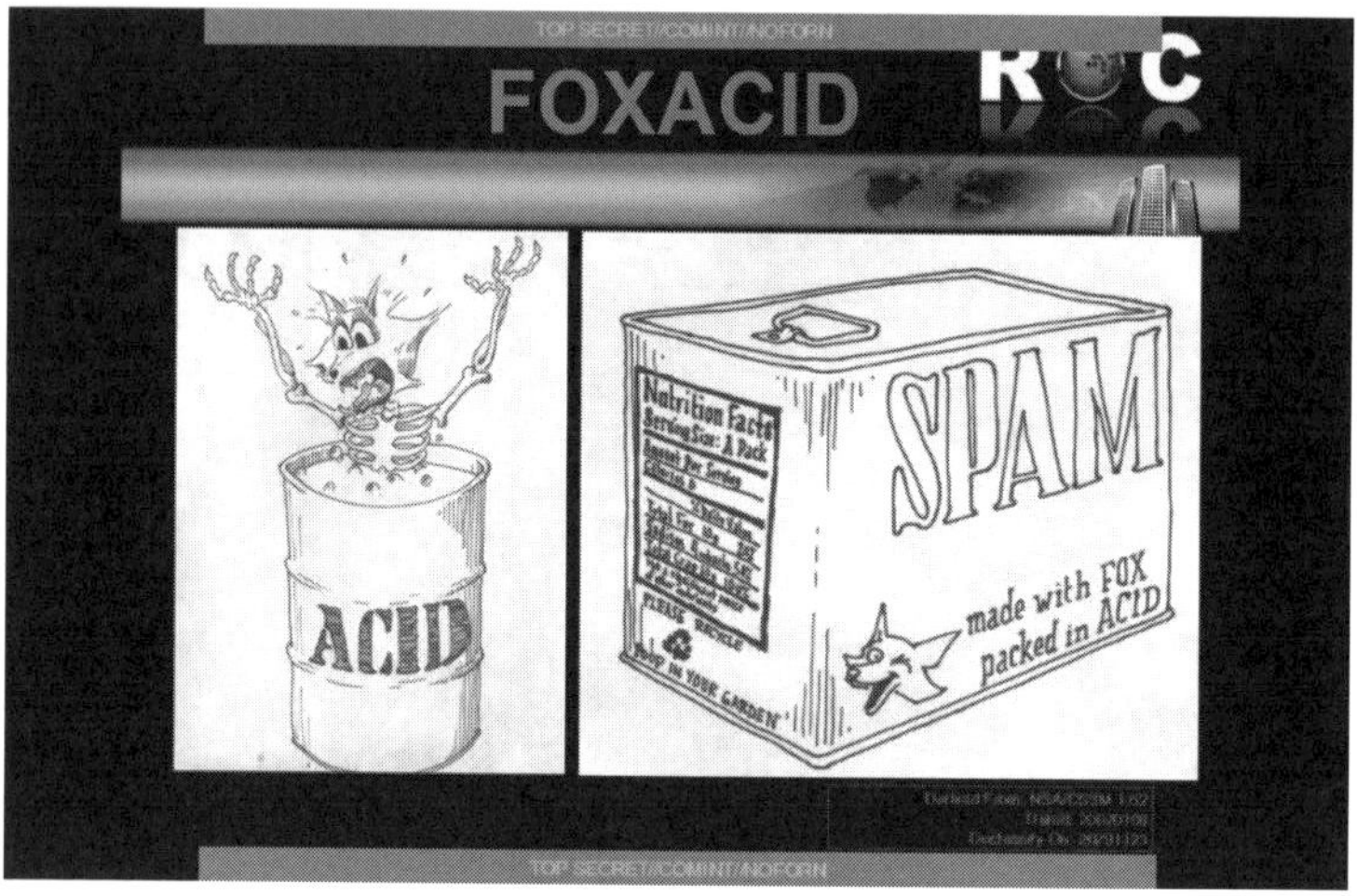

「フォックス・アシッド」サーバーの威力を漫画で表現した漏洩資料

この「クオンタム」計画で不可欠なのは、インターネット基幹回線等へのデータ取得制御器と「ターモイル」システム等の設置です。NSAはこれらのシステムを世界中に相当数設置していますが、UKUSA諸国以外のシギント機関では、これと同様の機材を広域に、かつ数多く設置するのは至難の業《わざ》です。これが他のシギント機関にはない、NSAの〝強み〟になっています。

江崎：NSAは、セキュリティ・ソフトを突破するソフトも開発しているわけで、インターネットを使っている限り、彼らのハッキングに対抗しようがないという気持ちになりますね。

茂田：私もそう思います。

さて、この「クオンタム」諸計画を使った成功例について数件の漏洩資料があるのですが、一例としてファーウェイに対する「ショットジャイアント」作戦を紹介します。

これは2009年からNSAが取り組んだ作戦で、広東省深圳《しんせん》にあるファーウェイ本社のシステムへの侵入に成功し、顧客リスト1400件を入手した他、メールの保管サーバーへのアクセスにも成功し、更にファーウェイの各種製品のソース・コードまで入手していました。

これでは産業スパイではないかと思われるかもしれませんが、民間企業を標的とした理由は、ファーウェイは今や世界でも有数の巨大通信インフラ・製品企業であるからだとされています。そのため、第一に、同社の広汎な通信インフラは中国政府にシギント能力を提供できるので、中国政府のためにシギント活動をしているかどうか解明する必要があること。第二に、NSAが標的とする諸外国の多くが同社の製品やサービスを使用しているため、それら標的諸国に対するインテリジェンスのため同社製品やサービスについての情報を入手する必要があることだそうです。つまり、ファーウェイ製品をハッキングするための基本情報収集ですね。

問題はどうやって誘い込むか

茂田：続いて、「中間者攻撃」について説明します。

中間者攻撃は、ターゲット端末とそれが交信するサーバー間の通信経路の中に入り込んで、通信を乗っ取る手法です。

「セコンドデート」と呼ばれる中間者攻撃の技法の漏洩情報があります。それによれば、具体的には、ターゲット端末が、無線LAN通信をしている場合に、無線通信塔の近くに拠点を設置し、「ナイトスタンド」や「ブラインドデート」と称する装置を使って、標的端末と無線通信塔間の通信に介入します。そして、一旦自分たちの装置を経由して、正規の無線通信塔と通信するように通信回路を形成した上で、次に密かに標的端末を「フォックス・アシッド」サーバーに接続させてマルウェアを注入する、という手口です。

スノーデンの漏洩資料には、遠隔侵入の「基本は、何らかのウェブブラウザによって標的に我々（NSAの偽装サイト）を訪問させること。これができれば、標的を支配することができるのであり、問題はどうやって誘い込むかである」とあります。

ちなみに、「セコンドデート」は特定の個別のターゲットを標的にするだけではなく、ネットワークの結節点を通過する通信を大量に捕捉することもできるそうです。

江崎：こういう仕組を知ると、中国もロシアも北朝鮮もアメリカの政府機関の公式サイトに迂《う》闊《かつ》にアクセスすることもできませんね。

茂田：「セコンドデート」の成功事例としては、パキスタンの国家通信企業の国家指導者のための重要通信網（VIP Division）への侵入に成功して、同国の政治軍事指導者間の通信の捕捉が可能となった事例や、レバノンのインターネット通信事業者OREGO社のシステムへの侵入に成功して、ヒズボラに対する情報収集が可能となった事例などが漏洩されています。

物理的侵入ではFBIやCIAの協力も

茂田：さて、具体的な侵入方法の二つ目、物理的侵入について見ていきましょう。これを担当しているのは、前述の通り、AT&O（アクセス技術・作戦部）という部署です。

物理的侵入は「近接侵入」「ネット外侵入（Off-net）」とも呼ばれ、標的や標的機器に物理的に接近して、マルウェア注入を行います。成功した後は、ROCによる遠隔収集に移行するのが一般的だと見られますが、そのままAT&Oが近接地点から収集（short-rage collection）をするケースもあります。

江崎：米軍基地の司令部の建物に入る際は、スマホなどの電子機器は全て預けないといけないルールなのですが、物理的侵入工作を実施しているアメリカからすれば、相手国の物理的侵入工作を警戒するのは当然のことでしょうね。

茂田：そうですね。もっとも、TAOは基本的に技術者集団ですから、施設に潜入するなどの任務はあまり得意ではありません。やはりそうした任務にはヒューミント機関の協力が必要なので、アメリカ国内ではFBI、国外ではCIAや軍が協力しています。興味深い協力としては、アメリカ国内でTAOの技術者を緊急に必要な工作地点に移動させるため、FBI所有のジェット機を使ってTAO要員の移送支援なども行っているようです。海外における工作では、前章で触れた海外の「特別収集サービス」（SCS：Special Collection Service）拠点が役立っています。SCSについての漏洩資料の中には、SCS拠点が供給網工作に貢献していることを示唆する図が含まれていました。

江崎：インテリジェンス機関同士の横の連携も、大いに見習うべきところですね。

茂田：AT&O内部組織としては、「現場作戦チーム」（Field Operations）という侵入実施部門があります。また、どこの国がどういう機材を買いに来ているか、いつそれが出荷されるかなどの情報を収集する「アクセス・標的開発チーム」（Access and Target Development）という調査部門があります。更に興味深いのが「遠征アクセス作戦チーム」（Expeditionary Access Operations）の存在です。海外に遠征して物理的侵入工作を実行するのです。そのため国内外数カ所に要員を常時待機させています。国内だけではなく、ワールド・ワイドな世界規模のオペレーションをやっているわけです。

江崎：まさに世界最強のハッカー集団ですね。本当に規模が大きいし、何よりもその発想がすごい。

TAOが集めた情報は日本企業の監視にも活用？

江崎：日本では現在、安保三文書に基づいて、防衛装備品や武器、弾薬などの発注がものすごい勢いで企業側に出されています。ただ、一方で特定の企業には発注されていないと聞いています。これはおそらく、日米が情報を共有しながら、中国などと関係が深い企業をチェックして排除しているのだと思われます。そこにもＴＡＯの収集した情報が活かされているのでしょうね。

茂田：その可能性は十分にあると思います。日本企業からどれだけ情報が中国に流れているかということもアメリカのインテリジェンスの対象ですから。もしどこかの日本企業が中国に相当な技術を渡していることなどが判明すれば、その企業は当然マークされます。

江崎：近年、日本でも中国の産業スパイが摘発されるようになりました。摘発に踏み切る際には、アメリカ側からの「アドバイス」がかなり重視されていると聞いたことがあります。おそらくその「アドバイス」もＴＡＯが集めた情報に基づいているということですよね。

茂田：ＴＡＯが収集した情報だけではなく、他のシギント情報も背景にして「アドバイス」しているのだと思います。彼らは幅広く情報収集していますから。

江崎：当然、日本企業の動きも監視しているので、重要な技術が中国やロシア、北朝鮮などに漏洩しないよう、徹底的にチェックしています。だから、日本企業がこっそりとやってもバレてしまう。

茂田：昔、有名な日本の大企業がロシアに技術を渡して大騒ぎになった（※2）ことがありましたよね。あれもアメリカのインテリジェンスによるものです。

江崎：アメリカはそうしたチェックを、インターネットを介した遠隔侵入とインターネットを介さない物理的侵入の両方でやっているということですね。

茂田：そういうことです。

生産性が高い「配送経路介入」

茂田：各種スノーデン資料を分析すると、物理的侵入の具体的な手法としては、少なくとも、次の三つの工作手法があると見られます。

①内部協力者を使った工作（insider-enabling）
②供給網工作（supply chain operation）
③外国公館工作

ただし、スノーデンの漏洩資料によって具体的にアメリカによる工作として明らかにされているのは、②と③だけです。

②の供給網工作は更に製造企業段階での工作と製品配送段階での工作の2種類に分けられます。ここでは後者の例として「配送経路介入（supply chain interdiction）」を紹介します。

配送経路介入は、世界中の標的組織が、サーバーやルーター等のコンピュータ・ネットワーク関連製品を発注した場合、その製品を配送途中で一旦確保して、これにマルウェアを注入、あるいはマルウェア入りハードウェアを装入した上で、配送経路に戻して発注先に届けるという手法です。TAOの作戦の中でも生産性が高いと言われています。スノーデンの漏洩資料には、NSAがアメリカの流通経路の途中で荷物を確保し、秘密の拠点に持ち込んで、開けたことがバレないように慎重に作業を行っている写真もありました。

江崎：これだと、ワイファイ・ルーターも迂闊に買えないですね。

茂田：2010年6月のNSA内部資料によると、シリアの中心的な通信会社である「シリア通信事業機構」(Syrian Telecommunications Establishment) がインターネットの基幹部分の製品、これは中枢ルーターと思われますが、これにアメリカ製の製品を購入したのですが、その際、NSAが配送経路介入を実施し、シリアのインターネット通信の基幹部分への侵入に成功しました。しかも、そのルーターが携帯電話通信にも使用されていたので、電話通信も盗《と》り放題になり、極めて大きな情報成果を上げたそうです。

茂田：また、NSAはアメリカ国内だけでなく、国外においても供給網工作に取り組んでいます。

※2 東芝機械ココム違反事件：1987年に日本で発生した外国為替および外国貿易法違反事件。東芝機械が当時日本も参加していたココム（COCOM・共産圏輸出統制委員会）の規則に違反して工作機械をソビエトに輸出していたことを米国防総省に暴かれ、親会社の東芝の会長・社長が辞任する事態にまで発展した。共産圏へ輸出された工作機械によりソビエト連邦の潜水艦技術が進歩し、西側の安全保障が脅かされたとして、日米摩擦に発展した。

２０１３年４月のＮＳＡ内部資料によれば、ＮＳＡが中国から輸出される暗号化ＶｏＩＰ通信機材に対して配送経路介入を計画し、ヒューミント機関と第三国当局の協力を得て、海外において配送経路介入を行ったそうです。

面白い例では、これは国内の事例ですが、アメリカで開かれた国際会議の会議記録ＣＤにマルウェアが仕込まれていたという事例もあります。２００９年、米国ヒューストンで科学者の国際会議が開催され、参加者には通例に従い会議後に会議記録ＣＤ（議事次第、資料、写真集等を含む）が送付されました。その際、一部参加者のＣＤにはマルウェアが仕込まれていたそうです。

江崎：そのＣＤをパソコンで読み込めば、パソコンの中にマルウェアが入ってしまうということですね。

配送中に確保した荷物を慎重に開封するNSA職員（配送経路介入）

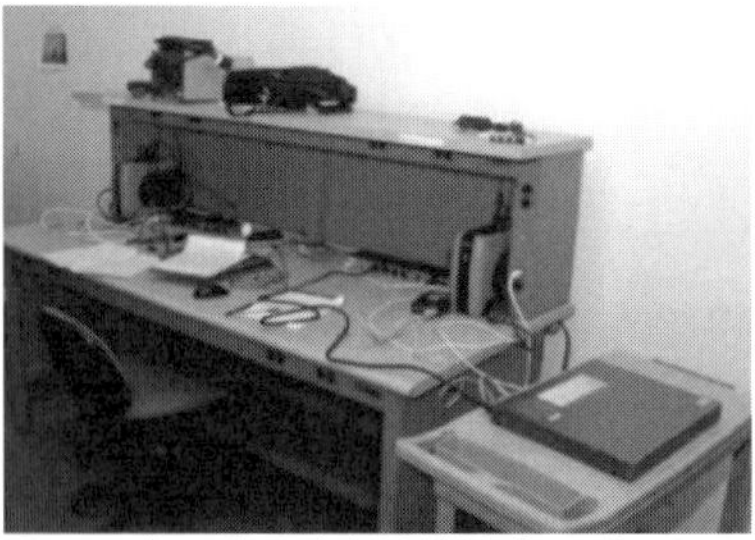
ビーコン（マルウェア）を埋め込む「ロードステーション」

供給網工作は「世界標準」の情報収集手法

茂田：ところで、「①内部協力者を使った工作」「②供給網工作」のうちの製造企業における工作については、「①内部協力者を使った工作」もそうですが、スノーデン漏洩資料の報道がありません。これはNSAがこういう工作をやっていないのではなくて、米英のマスメディアが報道しないだけだと考えています。米英のメディアにも愛国心はありますから、国益を大きく損なう報道は控えたのでしょう。

そこで注目されるのが、２０２２年のジェイコブ・アッペルバウムという研究者による論文です。その中で彼は、「カヴィウム」（Cavium）社の製品CPUにはNSAがバックドアを仕込んでいる旨を記載しているのです。「やはり、そうか」という感じです。やはりNSAは製造企業工作も実施しているのです。アッペルバウムは、サイバーセキュリティの研究者でジャーナリストですが、相当な左派です。スノーデン漏洩資料にアクセスを認められていたので、アクセスした知識を基に書いたと見られます（なお、カヴィウム社の製品にバックドアが仕込まれていることを、同社自身が承知していたか否かは不明です）。

ＮＳＡが製造企業工作をするのは驚くに当たりません。そもそも、ＮＳＡは製造企業工作の元祖でもあり、20世紀後半の大成功者でもあったのです。それは「クリプト社」です。同社はもともとスウェーデン企業でしたが、１９５０年代以降スイスに拠点を移して活躍した世界的な民間暗号機メーカーです。

同社の暗号機は共産圏を除く世界120カ国以上に輸出されて、各国政府の軍用や外交用に幅広く使われていましたが、実は同社はNSAの系列企業のようなものでした。同社の経営者ハーゲリンは戦前から、NSAの「暗号解読の父」ウィリアム・フリードマンと交友関係にありました。両者の交友が基で協力が始まりましたが、1970年にハーゲリンが引退すると、アメリカとドイツが共同で同社を買い取り、その後両者が経営していたのです。

ただし、資本関係は巧妙に秘匿されており、協力関係を知っていたのは同社でも1人または2人だけで、他の従業員は知りませんでした。同社の暗号機は、イラン、リビア、シリア、アルゼンチンなどの政府も軍用や外交用に使っていたので、NSAやドイツの諜報機関BNDは大きな情報成果を得ていました。

江崎：こうした供給網工作は、中国や他の国も当然やっていると思った方がいいということですよね。

茂田：当然やっています。むしろ供給網工作は、世界のインテリジェンス機関が取り組んでいる標準的な情報収集手法だと言えるでしょう。

判明しているところでは、「クリプト社」と並んで、オランダのフィリップ社も1980年、1990年代にT1000CAという暗号機を販売していました。この暗号機は相当高度な暗号機でしたが、同社はオランダのシギント機関の依頼を受けてその専用解読機を秘密裡に開発し、闇で蘭米独のシギント機関に販売していたのです。

また21世紀でも、スノーデン漏洩資料によって、UKUSA以外の諸国が取り組んでいる供給網工作の一部が明らかになっています。例えばドイツの諜報機関BNDは、2005年10月時点で、供給網工作を行うために幾つかのフロント企業を設立していました。また、フランスの諜報機関DGSEは、2002年にセネガルのセキュリティ・サービスにコンピュータとファックスを提供しましたが、これらの機器にマルウェアが仕込んでいたため、2004年までにこれらの機器上の全情報にアクセスできるようになったと言われています。

江崎：先進国でそうした工作をしていないのは、日本政府だけというわけですね。

自分がやれば相手も同じことをやってくる

江崎：数年前から中国は、中国の政府機関から欧米や日本のコピー機を排除するようになりました。逆に言うと、それまではアメリカや日本のコピー機が中国の政府機関でも使われていたわけです。と言うことは、そのコピー機で読み込んだ情報はアメリカに盗られていた可能性が高い。

茂田：日本製で盗れるかどうか分かりませんが、コピー機やプリンターに罠を仕掛けてデータを盗るというやり方はかなり昔からどこの国でも行われていました。古典的な手口です。

江崎：そうですよね。しかし、それを中国が排除すると決めたのがほんの数年前なのです。

茂田：気づいていなかったのかもしれない（笑）。

江崎：その新聞記事を読んだ時、中国政府も意外とマヌケだなと思いました（笑）。

茂田：一方でアメリカは、中国が仕掛けてくる供給網工作を早くから脅威として認識していました。漏洩資料によれば、２０１０年時点でサイバー軍司令部は中国企業、特にファーウェイ、ＺＴＥ、Meadville Holdings Limited の３社が供給網に脅威をもたらし得ると評価していました。

もっとも、当時はまだ中国企業自体による工作よりもむしろ、中国国内の下請会社の脅威が問題視されていました。米国企業は中核部品であるマザーボードの製造を中国企業に委託しているのですが、この製造工程で中国側から組織的な工作を仕掛けられているのではないかと警戒したわけです。つまり、米国企業製品に中国のマルウェアが仕込まれている可能性です。漏洩情報によれば、ＮＳＡは幾つかのアメリカ企業のＢＩＯＳが中国で攻略されていると評価していました。

江崎：自分たちもやってきたことだから、当然中国もやってくるだろうということですね。だから、トランプ共和党政権になって、中国系の通信会社が政府調達から徹底して排除されることになった。

茂田：中国企業もここ10年で更に成長していますし、相手も同じことをやってくると考えるのが自然ですよね。

日本の大使館も対象にしている外国公館工作

茂田：最後に、③の外国公館工作について見ていきましょう。

昔から、大使館等の外国公館は、外国政府の政治外交活動の拠点であり、諜報活動の拠点でもあります。そのため、米国も含めて普通の国は、外国大使館等を諜報・防諜活動の対象としてシギントやヒューミントなど各種手法を駆使して情報を収集し、また監視してきました。TAOのAT&O（アクセス技術・作戦部）も、様々な手法を用いて、各国の在米大使館や在ニューヨークの国連代表部からデータを収集しています。

2013年時点で収集対象公館は38とされており、当然ながら、日本の公館も対象です。そのうち報道されているのは次の15カ国の25公館で、残りの13公館は未判明です。ロシアや中国の在外公館は報道された15カ国25公館には含まれていません。ロシアや中国が対象とされていないわけはないと考えるのですが、スノーデン漏洩資料を入手した米国のマスメディアがこれらの国を報道から意図的に除外した可能性が高いと思います。

〈欧州〉

EU（在米大使館、国連代表部）、フランス（大使館、国連）、イタリア（大使館）、ギリシャ（大使館、国連）、スロバキア（大使館）、ブルガリア（大使館）、ジョージア（大使館）

〈中南米〉

メキシコ（国連）、ブラジル（大使館、国連）、コロンビア（通商代表部）、ベネズエラ（大使館、国連）

〈アジア〉

韓国（国連）、日本（国連）、台湾（国連）、ベトナム（大使館、国連）、インド（大使館、別館、国連）

〈アフリカ〉

南アフリカ（国連）

個人的には、対象公館数が意外と少ないという印象を受けます。アメリカとしては、手間暇のかかる各国公館に対する物理的侵入によるシギント収集はこの程度の収集で十分という判断かもしれません。例えば、前章の通信基幹回線からの収集で「ブラーニー」計画を紹介しましたが、NSAはこの計画によって各国公館が契約している商用通信回線は傍受しているでしょうから、その暗号が解読できていれば、これら他のシギント手法によって十分な情報を得られているかもしれません。

情報収集の手法は10種類以上あり、各公館に対して複数の手法が使われています。日本の国連代表部を例にとると、次の四つの手法が使われているそうです。

○ミネラリズ：LANにインプラントを設置してデータ取得
○ハイランズ：端末あるいはシステムに何らかのインプラントを設置してデータ取得
○マグネチック：漏洩電磁波を収集してデータ取得
○バグラント：コンピュータ・スクリーンのデータを読み取り収集

その他、日本の国連代表部では使われていませんが、FBIが設置する「ブラックハート」という手法もあるようです。繰り返しになりますが、そういう話を知るたびに、アメリカは本当のインテリジェンス・コミュニティがあって羨ましいと思ってしまいます。

江崎：FBIも協力しているわけですね。

茂田：そうです。外国公館に対する情報収集や監視も、FBIと協力して実施しているのです。

江崎：スノーデン情報が暴露された時点で日本の国連代表部も対象になっていることが分かったわけですから、日本政府としては何らかの対策を講じたと信じたいところですが。

茂田：信じたいところですが、外務省は実際に対策を講じたのでしょうか。

それから、他にレーザープリンターから情報を収集する「ドロップマイア」という手法もあります。先程も話しましたが、プリンターやコピー機からのデータ収集は基本的なやり方です。かつて暴露された有名な事例では、20世紀末のロサンゼルスの中国領事館の話があります。これもコピー機です。確かFBIが仕掛けて、ロスアンゼルスの中国領事館のコピー機からコピーやプリントするデータを全部盗っていたという事例です。ただこれはＦＢＩの二重スパイというか、三重スパイと言うか、ＦＢＩに協力しているフリをした中国のスパイがいて、そこから秘密が漏れて、そのインテリジェンス・ソースが潰れてしまったのです。まあ、どの国もチャンスがあればやる、というのがインテリジェンスの世界の常識です。

インテリジェンスの世界で「専守防衛」は通用しない

江崎：世界中の国々が、これまで茂田先生にお話ししていただいたような「何でもあり」の手法で情報を取りまくっているという現実を日本はまず理解する必要があります。ようやく日本も「専守防衛では駄目だ。反撃能力を持つべきだ」という方向に動き出しましたが、インターネットも含めたインテリジェンスの世界でももはや「専守防衛」は通用しないという認識で対策を練っていかなければなりません。そのことを一人でも多くの日本人に知ってもらう必要があります。

そういう意味では、スノーデンの情報漏洩のお陰で、普段は表に出てこないインテリジェンスの世界の実態が明らかになり、研究もできるようになりました。今から10年以上前の実態ではありますが、その意義は大きいと思います。

茂田：私にとってはスノーデン様々です。スノーデン漏洩資料がなければ、このような研究はできませんでした。

江崎：我が国のインテリジェンス機関が今後発展していくとしたら、それは「スノーデンのお陰」という話になるかもしれません。

茂田：その通りです。ところで、私が大学で講義をしていた時に、学生が非常に正直な感覚で「世界って汚いのですね」と感想を述べてくることがあります。まさにそういうことなのです。美しい綺麗事も結構ですが、やはり世界は一皮むくと、どこの国も汚い。

江崎：汚いというよりは綺麗事では済まないという話ですね。要は安全保障のためにはどこの国も手段を選ばないわけで、そうした「現実」に日本として今後どう立ち向かっていったらいいのか、という話ですね。

茂田：その通りです。そういう「汚い世界」の中で、日本国がどうやって我々の安全と人権を守っていくのか。「汚い世界」の中で、日本だけが蓮の花のように美しく手を汚さずに安全保障が保てるならいいのですが、それはなかなか厳しいのが現実です。

江崎：世界中がハッカー集団化して情報を取りまくっている中で、日本だけはその世界に入らなくても大丈夫というわけにはいきません。

茂田：そうなのです。

江崎：2022年12月、我が国は、インテリジェンス重視を明記した国家安全保障戦略を閣議決定したわけですが、インテリジェンスの世界では手段を選ばない「何でもあり」が国際常識であることをまずは理解することが、これから日本を守っていく上でも、日本のインテリジェンスを発展させていく上でも、大きなポイントだということを再認識しました。

第六章

既に到来、シギントの黄金時代

NSAの重要分析ツール「エクス・キースコア」

江崎：本章では、アメリカが世界中から集めた情報をどのように使い、何をしようとしているのか、というお話を伺いたいと思います。

茂田：前章まではデータ、情報をどのように収集しているのかという話が中心でしたが、本章では、その集めたデータ、情報をどのように活用しているのかという話をしていきます。

ただ、NSAがあまりにも巨大すぎる組織なので、全体像をお話しすることは紙面の関係上できません。特徴的な部分だけを取り上げることで、本当に巨大な組織なのだということをおぼろげにでもイメージしていただければと思います。

まず、NSAの極めて重要なシステムであるエクス・キースコア（X-Keyscore）についてお話しします。これは漏洩情報が出たことでアメリカでも有名になったシステムです。

第四章で述べた通り、NSAの情報収集拠点（傍受施設）はおそらく世界中に500カ所以上あります。なかには主要なものもあれば、マイナーなものもありますが、そのうち約150カ所の拠点に設置されている重要なシステムが

エクス・キースコアのロゴ

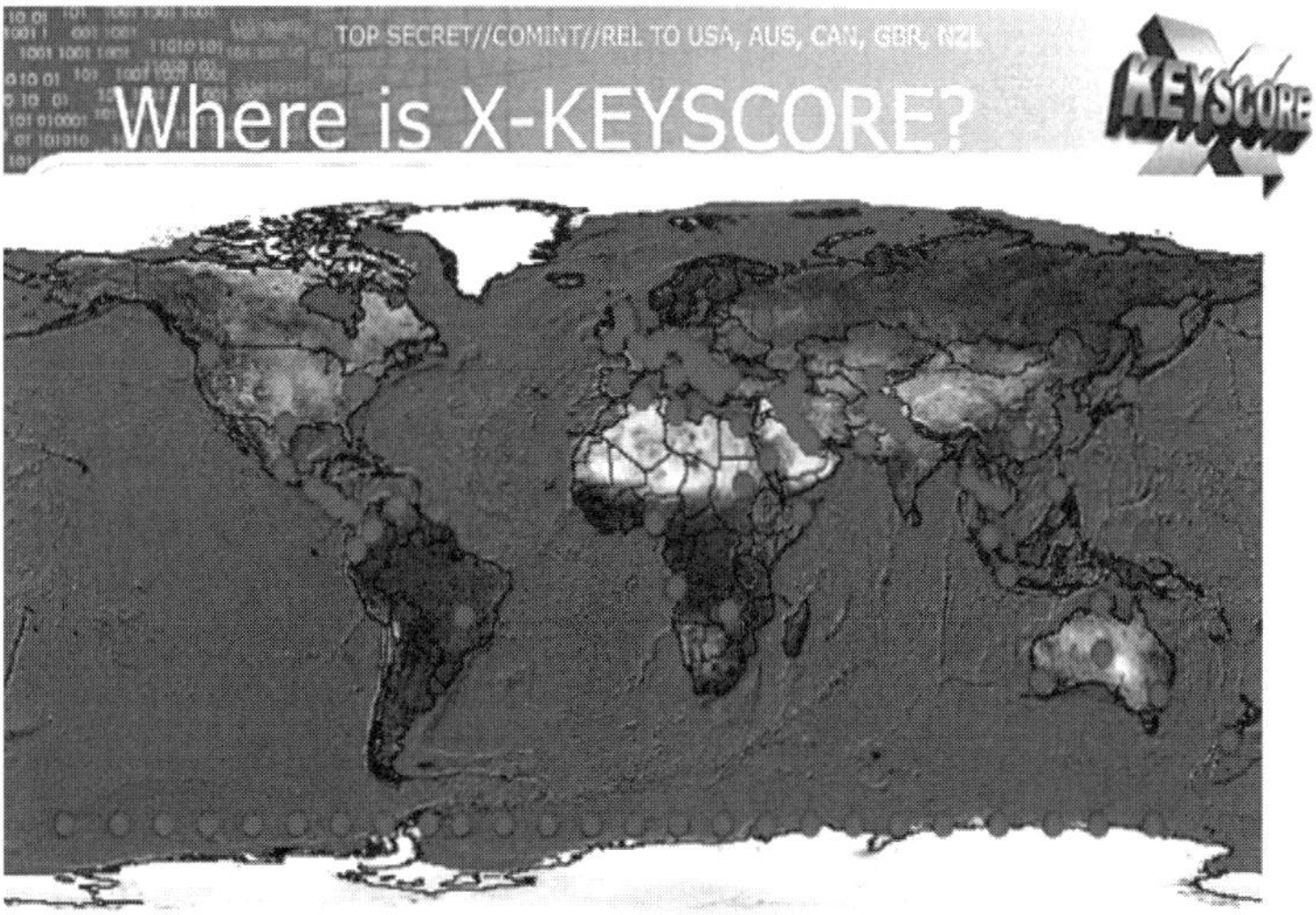

エクス・キースコアのサーバーの位置を示す世界地図（漏洩資料、2008年2月25日付）

エクス・キースコアです。

スノーデンの漏洩資料の中にエクス・キースコアが配置されている場所を示した地図があるのですが、面白いことに、中国にも、ロシアにも丸印がついています。つまり、中国やロシアの国内にもエクス・キースコアが存在しているというわけです。また、地図の下側には横一列に丸印が並んでいるのですが、これはおそらく地図上に示せない（示したくない）拠点がまだたくさんあることを意味しているのでしょう。

江崎：中国政府が国内の情報漏洩を阻止するための法整備を必死で進めているのも、アメリカがこうやって中国にも情報収集の拠点を置いていることを知ったからですね。

毎日10億単位のデータを新規に記録

茂田：エクス・キースコアには二つの機能があります。
一つは、NSAが様々な方法によって大量に取得したデータの一次記憶装置としての機能。もう一つは、その一次記憶装置から必要なデータを検索抽出し分析するための分析システムとしての機能です。

江崎：記憶、つまり保存と分析ですね。

茂田：エクス・キースコアの一次記憶装置は、世界中の約150カ所の拠点に配置された700以上のサーバーで構成されています。サーバーの主な配置場所は、内部資料によると、通信基幹回線からの収集拠点、外国衛星通信の傍受拠点、特別収集サービス（SCS：Special Collection Service、外交施設を利用したシギント収集活動）の拠点の三種類が挙げられています。

NSAが通信基幹回線からの収集、外国衛星通信の傍受、特別収集サービスなどによって取得した大量のデータは、それぞれの収集拠点において一次記憶装置に記憶され、それらのデータの中から必要なデータを検索抽出することができる構造になっています。そして、この検索作業のためエクス・キースコアのウェブサーバーが構築されており、分析官はこのウェブサーバーを活用して必要なデータを世界中の一次記憶装置700台以上から検索抽出をできるようになっています。

江崎：つまり、NSAが世界中からかき集めた情報を集積しているところということですね。

茂田：ええ。データを一旦それぞれの場所に蓄えるということです。

一次記憶装置は、収集拠点毎にサーバーの記憶容量の範囲内で、常に新しいデータで古いデータを上書きしつつ、最大量のデータを保管しているそうです。データの保存目標期間は、コンテンツ・データで3日間、メタデータで30日間。ただし、実際の保存期間は、拠点のサーバーの容量によって異なり、コンテンツ・データが3日から5日間保存されている拠点もあれば、24時間しか保管できないこともあるのだとか。

江崎：保管期間は意外と短いんですね。

茂田：そうです。これは長期保存用のデータベースではないからです。

このようにして日々世界中から収集・保管されているデータ量は、当然ながらものすごい数になります。2007年のNSA内部資料によれば、当時は通話8500億件、インターネット通信1500億件の記録が保管されており、毎日10〜20億件の新規データが追加されていたと言います。

NSAのデータベース構造

茂田：各収集拠点では、アクセスできるデータの中から、資料価値がないと考えられる形式のデータを自動的に削除します。インターネット回線の通信では、音楽や映画のダウンロードなど「データ量は極めて多いが情報価値は低いもの」が相当量を占めると言われており、これらを排除して、その他のデータを一括して収集するというわけです。

江崎：なるほど。確かに音楽のダウンロードなどは、データ量は大きいが、利用価値がそれほどあるとも思えません。

茂田：一括収集されたデータは、パケット単位でバラバラなのですが、それが元のEメールなり、VoIP（Voice over Internet Protocol、インターネットなどのIPネットワークを利用して音声通話をする技術）なりの形式に復元され、メタデータの索引が付されて記憶されます。また、これらのデータ中、既にデータ要求リストに登録されているEメールアドレス、IPアドレス、MACアドレス（物理アドレス）などの通信メタデータは、抽出されてデータ要求者に提供されます。更に、傍受したい人間の電話番号やEメールアドレスなどをエクス・キースコアに登録しておくと、その人が電話やメールをした時に分析官（データ要求者）はリアルタイムで傍受することができます。

ある分析報道によれば、このようなデータの抽出収集システムは、当時ボーイング社の子会社だったNARUSが提供している可能性が高いそうです。

江崎：ボーイング社と言えば、飛行機が有名ですが、実はアメリカ有数の防衛産業ですね。

茂田：はい。そうです。NARUSはもともとイスラエル企業だったのですが、ネットワークからのデータ収集ソフトウェア開発に力を入れ、2010年にボーイングの子会社になりました。その後、2015年にシマンテックに売却されています。

ここでNSAのデータベース構造についても触れておきましょう。

NSAが取得したデータは、第一次記憶装置であるエクス・キースコアに記憶されるとともに、有用なデータはその性格（電話かデジタル通信か、コンテンツかメタデータか）に応じて、NSA内の四つのデータベースに保管蓄積され、事後の分析等に活用されます。これらデータベースのデータ保管期間は長くなっています。各データベースのコード名と保管データは次の通りです。

○「マリーナ」（デジタル通信メタデータ）
○「ピンウェイル」（デジタル通信コンテンツ）保存期間5年
○「メインウェイ」（電話メタデータ）
○「ニュークレオン」（電話ボイス・コンテンツ）

これら四つのデータベースは従来からあったもので、エクス・キースコアは、データベースとしては新しく構築されたものです。

前述の通り、エクス・キースコアは世界各地の収集拠点でメタデータとコンテンツ・データを一次的に記録する「バッファー記録装置」であり、保存期間は基本的にメタデータで30日間、コンテンツ・データで3日。期間経過に伴い、新しいデータで上書きされ消去されます。

各収集拠点での収集データは、例えば、Eメールのデータであれば、メールアドレスやIPアドレス等から判断して情報価値があると判定されれば、自動的に「ピンウェイル」に記録保存されますが、そのようなケースは各拠点で処理した通信の5％もありません。従来、その他の通信は廃棄されてきました。それがエクス・キースコアの構築によって、従来であれば即時に廃棄されていた通信データも含めて「バッファー記録装置」に一定期間記録されるようになったのです。

これによって、従来は、メールアドレスやIPアドレスなど、通信を特定できるデータがあり、かつ、それを事前に登録しておかないと、データ収集ができなかったのですが、エクス・キースコアにデータが保管されている限り、事後的にも検索してデータを使用できます。更に、通信内容中のキーワード検索や通信形態などいわゆる「ソフト・セレクター」から過去の通信データを検索抽出することができるようになりました。つまり、従来よりも遥かに広汎なデータの検索抽出が可能になったのです。

江崎：世界各地から集めた膨大なデータを検索抽出できるようになったとなれば、利用価値もますます高まりますね。

エクス・キースコアの優れた検索機能は「NSA版グーグル」

茂田：エクス・キースコアの検索機能は、まさに「NSA版グーグル」です。NSAの内部資料によると、分析官が「こういう検索をしてみたい」と考えるものは全て可能になっていると言っても過言ではないほど、極めて広汎なデータの検索ができるようになっています。

スノーデンは2013年6月のインタヴューで「メールアドレスが分かれば、その個人のメールを読むことができる」と語っていましたが、それがまさにこのエクス・キースコアのシステムのことです。

江崎：そうなると、名刺に電子メールアドレスを掲載しているわけで、アメリカ側に名刺を渡したら、自分のメールを読まれてしまう、ということになりますね。

茂田：100％読まれてしまうわけではありません。そのメールが、通信基幹回線からの収集拠点、外国衛星通信の傍受拠点などを経由して、UKUSAシギント同盟のデータ収集態勢に掛かった場合ですね。他方、Gメールやヤフーメールのような米国系のウェブメールは、第四章でお話しした通り、「プリズム計画」で読まれてしまう可能性が高いと思います。

では次に、エクス・キースコアを使ったデータの検索抽出と分析方法についてお話しします。

①「ストロング・セレクター」がある場合

標的を容易に特定できる情報、つまりメールアドレス、IPアドレス、MACアドレス（物理アドレス）や電話番号が判明しているような場合には、その情報を基にエクス・キースコアのウェブサーバーを使用して検索すれば、典型的なユーザーがインターネットで行うほとんどの活動に関するデータを取得できます。例えば、標的のEメールの内容、オンラインでのチャット、あるいはウェブサイトの閲覧履歴、ネットでサーチした検索単語、グーグルマップの検索利用状況などのデータを取得できます。また、リアルタイムで標的がインターネットで行っている活動の傍受・監視も可能です。

②「ソフト・セレクター」しかない場合

標的を特定できるデータを保有している場合は、必ずしも多くはありません。その場合でも様々な検索分析を活用することにより、ウェブ空間で特異な活動を把握できるのがエクス・キースコアの利点です。特にメタデータ（メールアドレス、電話番号、通信時刻、位置情報等）の検索分析により、閲覧すべきコンテンツ・データ（Eメール、チャット、ボイスメッセージ、送信ファイル、写真、ビデオ、保管データ等）を絞り込むことができます。それによって、直接的に情報成果を得ること、あるいは標的が特定できる「ストロング・セレクター」の入手に至る場合があるとされます。

では、NSAの漏洩した内部資料から、エクス・キースコアの具体的な使い方を見ていきましょう。

例えばNSAは、イランからの暗号化ワード文書の通信リストや、イランでPGP暗号(Pretty Good Privacy、ファイルやメールなどを暗号化するソフトウェア）を利用した通信リストを自動で検出し、その中から情報価値のありそうな個別通信を抽出して分析しています。要するに、イランから暗号通信をすると、それだけでNSAの網に引っかかるわけです。例えば、イランにいるテロリストがヨーロッパと暗号通信をした場合、様々なメタデータと組み合わせることで、彼らの仲間と思しき人間が、ヨーロッパのどの国のどこにいる誰かまで特定できてしまいます。

江崎：暗号通信を使うと、逆に場所情報を知られてしまうというわけですね。

茂田：そうです。確実に追跡していくと思います。他にも例えば、ドイツ語を話すターゲットがパキスタン国内にいる場合、パキスタンでのドイツ語通信リストを検索抽出し、その中からターゲットに繋がる情報価値のありそうな個別通信を抽出分析するといったことまでしています。

ちなみに2008年時点で、英語・中国語・アラビア語の通信に関しては、通信内容のキーワードによる通信の検索抽出が可能でした。例えば、「オサマ・ビン・ラディン」に言及した全ての通信を検索抽出することができたわけです。

江崎：9・11同時多発テロ以降、アメリカは、イスラム過激派勢力との戦い、つまり「テロとの戦い」に注力してきましたからね。

茂田：ええ。アラビア語も主要なターゲットとして力点が置かれていました。今では、内容検索できる言語はもっと増えていると思います。

更に言えば、NSAはグーグルマップの検索利用状況も検索できます。テロリストもやはり攻撃目標の事前調査などでグーグルマップを使うので、テロの標的になりやすそうな場所を何度も検索しているような怪しい人物がいれば、テロの準備活動をしているかもしれないとマークできるわけです。

江崎：なるほど。テロの準備でグーグルマップを使うと、それで相手のことが分かるというわけですね。

茂田：また、特定の単語で検索した者や、特定のウェブサイトを閲覧した者の抽出も可能なので、そうした情報とグーグルマップの検索利用状況などを合わせて、テロリスト的な特徴を持つ人物を絞り込んでいくことができます。こうした特徴的な行動パターンから絞り込んでいくやり方は、テロリスト以外にも、スパイを見つけるのにも効果的です。本当にエクス・キースコアは優れものだと思います。

最近この関連で興味深いのは、スパイや秘密漏洩など国家安全保障関連の事件で、開示されているFBIの起訴資料を読むと、対象者が国外で行ったグーグル検索やグーグルマップ検索の状況が記載されているのです。FBIもエクス・キースコアを使って情報収集していることが推定できます。

江崎：本当に嫌になる話ですが、携帯電話の番号を知るだけでその人物が何月何日にどこにいたかが検索できてしまうということですよね。第二章の「ジオイント」の話題で述べた通り、私もそれに通じる経験をしていて、あるアメリカ人と話をしていた時に「2019年11月〇日の〇時に、君は〇〇にいたよね」と半ば脅かし気味に言われたことがあります。

茂田：ということですね。しかも、詳しくはまた後で述べますが、今ではそれが民間産業で商業化しています。そういう時代なのです。

江崎：そういう時代になってしまったということですよね。

NSA版のグーグルマップ「宝地図」

茂田：さて、エクス・キースコアの次に紹介するのは、「宝地図（Treasure Map）」です。私はこれを「NSA版グーグルマップ」と表現しています。と言うのも、宝地図は、端末機器を含むインターネットの世界地図を作成して利用しようとするシステムだからです。世界中のインターネット通信網の構造についての膨大な情報を集めて、相関地図をニア・リアルタイムで作成し、その探索と分析を可能にしています。

宝地図は次の五つの情報レイヤー（階層）で構成されています。

①世界地図の情報レイヤー
②物理的ネットワークの情報レイヤー
③論理的ネットワークの情報レイヤー
④端末機器の情報レイヤー
⑤利用者の情報レイヤー

一番の基礎となっているのが、世界地図の情報レイヤー、つまり地理的な地図情報です（①）。その世界地図の上に、光回線がどこにどのように通っているかなどといった、物理的な通信回線を把握するための地図情報が重ねられています（②）。その通信回線情報の上には、インターネット網を構成する「自律システム（インターネット事業者や企業内の自律的ネットワーク）」やルーターなど、通信の論理的ネットワークの構成状況を把握するための情報レイヤーが設定されています（③）。更には、その論理的ネットワーク上のどこにどのパソコンやスマートフォン等の端末が存在しているのかという情報（④）や、最終的にはそれら各端末の利用者の情報（⑤）まで把握できる仕組になっています。

江崎：昔から地図の作成はインテリジェンスの基本ですが、アメリカ政府は、様々な情報を追加した電子地図を作成しているわけですね。

茂田：その通りです。彼らがどうやってその情報を取得しているかと言うと、一般公開情報や研究機関の学術情報を収集している他、商業的に購入できる情報も買って集めています。また、日々のシギント活動によっても取得しています。

宝地図は情報収集の基礎データベース

茂田：「宝地図」作成のためのシギント活動の一例としては、世界中に設置した秘密サーバーからのデータ収集が挙げられます。NSAは、世界各地に設置した16の秘密サーバーを使い、「More Cow Bell」計画と呼ばれるデータ収集を行っているそうです。秘密サーバーの設置場所として示されている諸国は漏洩情報によれば次の通りです。

アジア：マレーシア、シンガポール、台湾、中国（2カ所）、インドネシア、タイ、インド

欧州：ポーランド、ロシア、ドイツ、ウクライナ、ラトビア、デンマーク

アフリカ：南アフリカ
南米：アルゼンチン、ブラジル

御存知の通り、インターネットでは、DNS（Domain Name System）サーバーがドメイン名を含むアドレスとIPアドレスとの対応関係を管理しています。NSAは秘密サーバーから世界中のDNSサーバーに対して膨大な接続要求を1日24時間継続して出して、アドレスの存否を把握あるいは確認していると言われています。それを基に、どこにどういう端末、つまりパソコンやスマホが存在しているのかといった情報を収集しているわけです。

この接続要求に使用するアドレスは、NSAが既に各種ウェブサーバーやEメールや各種データベース等から収集したアドレスを元に可能性のあるものを自動的に作成しているようです。これによって、世界中のアドレス情報をIPアドレスとの対応関係とともに収集しています。収集データは、15分から30分間隔でNSA本部に送信され、本部のデータベースを更新していると言われています。

江崎：日本の衆議院の議員会館を例にすると、議員会館の各事務所にはインターネットに繋がっているコンピュータがあります。各事務所にコンピュータが何台あり、それぞれの端末を誰が使っていて、何を調べているのかまでNSAには筒抜けだということですよね。

例えば、議員会館○号室の端末はグーグルで北朝鮮のことばっかり調べている。別の部屋の端末はNSAの公式サイトを何度も訪れていて、アメリカのインテリジェンス・コミュニティに関心がありそうだ。この部屋の端末は中国のサイトをよく見ているぞ――そういった形で、議院会館の各事務所のどの端末がどういう情報と日常的にアクセスしていて、どういうことに関心を持っている人間がいるかまで分かるという話ですよね。

茂田：宝地図の最上層のレイヤーは利用者の情報なので、その利用者の「関心」と「行動」の部分までは宝地図には載っていないと思います。もっとも、NSAが収集している他の情報と宝地図を組み合わせれば、その利用者が何に関心を持っているかまで分かります。

江崎：分かるということですよね。

茂田：例えば、日本のある議員が親北朝鮮みたいだから詳しく調べてみようとなれば、宝地図を使って彼が使用している議員会館の端末を特定できます。その次に、彼の端末から情報を取る作業に入るわけです。

江崎：その端末を監視していれば、メールのやり取りなどから、朝鮮総連との繋がりや、頻繁に連絡している人物、連携している人物などの情報が収集できるということですね。

茂田：そういうことです。宝地図は情報収集の基礎データベースなのです。ただし、宝地図の完成度というか、NSAが実際世界全体の端末の何パーセントまで把握しているものかは分かりませんが、その把握を目指してシステムを構築しているということです。

ＮＳＡは世界中のシステム管理者の端末情報を知りたがっている

茂田：漏洩資料を見て私が気付いたのは、ＮＳＡがシステム管理者（システム・アドミニストレーター）の情報も宝地図で調べているのではないかということです。システム管理者の端末から侵入すれば、システムの全体像を把握しやすい。だから、世界中のシステム管理者の端末がどこにあるのかを知りたいわけです。

江崎：議員会館の例だと、国会も含めた特殊な情報システムがあり、僕らはアクセスコードをもらって、国会のいろんな情報を取得できるようになっています。自民党であれば自民党のクローズなネットワークがあるので、僕らが自民党の部会情報を取得するためには、そのためのアクセスコードをもらう必要があるわけです。そういう場合でも、自民党のシステムの管理者がどこの誰なのか把握できれば、その管理者の端末を通じて自民党の内部情報を全て知ることができるということですね。

茂田：その通りです。システムに侵入したい時には、システム管理者の端末からハッキングするのが一番いいのです。効率的にシステム全体を把握できますから。漏洩情報によれば、ＮＳＡの担当官がＣＮＥ（コンピュータ・ネットワーク資源開拓）、要するにハッキングをする場合に、いちいち標的システムのシステム管理者を探すのは面倒なので、あらかじめ世界中のシステム管理者のデータベースを作っておくと便利ではないか、などという議論をしていました。

江崎：自民党の内部情報も種類がいろいろあるので、どの内部情報にどのパソコンがいつアクセスしたのかというデータもあればもっと良いわけですよね。

茂田：そういうデータも探していくと更に情報が取りやすくなります。ですから、私に言わせると、「宝地図」はハッキングの基礎データとして非常に有用なシステムなのです。

標的のシギント情報の分析に活かされるターゲット・ナレッジ・データベース

茂田：続いて紹介するのは、標的データベース、彼らが「ターゲット・ナレッジ・データベース（TKB）」と呼んでいるものです。これは、NSAの分析官が諜報対象（標的）の人物を分析したり、報告書を作成したりする際の基礎資料となるデータベースです。

もちろん、その「標的」には諸外国政府の首脳も含まれています。漏洩情報によると、2009年時点で122人の世界の首脳の情報が記録されていますが、そのうち漏洩資料から判明しているのは、次の表にある86カ国87人です。

〈「標的」の諸国首脳86ヵ国・地域〉

欧州（21カ国）	ドイツ、フランス、イタリア、スペイン、ベルギー、アイスランド、ロシア、ウクライナ、白ロシア、アゼルバイジャン、ジョージア、トルクメニスタン、ウズベキスタン、キルギスタン、カザフスタン、セルビア、クロアチア、ボスニア・ヘルツェゴビナ、コソボ、ギリシャ、アルバニア
中東（7カ国）	イスラエル、パレスチナ、トルコ、イラン、イラク、シリア、レバノン
アフリカ（17カ国）	エジプト、リビア、スーダン、エチオピア、ソマリア、ジブチ、ケニア、ルワンダ、ウガンダ、コンゴ、ナイジェリア、コートジボワール、マリ、リベリア、ジンバブエ、マラウィ、南アフリカ
南アジア（6カ国）	パキスタン、インド、アフガニスタン、ネパール、バングデシュ、スリランカ
東アジア（15カ国）	中国、香港、台湾、北朝鮮、韓国、日本、フィリピン、インドネシア、マレーシア、ブルネイ、ラオス、ベトナム、カンボジア、ミャンマー、東チモール
中南米（20カ国）	メキシコ、グアテマラ、ホンジュラス、エルサルバドル、ニカラグア、コスタリカ、パナマ、キューバ、ハイチ、ベネズエラ、ガイアナ、コロンビア、エクアドル、ブラジル、ペルー、ボリビア、パラグアイ、ウルグアイ、チリ、アルゼンチン

TKBが活躍するのは、例えば、「標的」首脳のシギント情報を得た時などです。シギント情報はやはり断片的なものですから、それをインテリジェンスに活かすには、その首脳のバックグラウンドを踏まえて解釈しなければなりません。TKBには、そうした分析に必要な首脳の人物像や背景情報が詳細に記録されているわけです。

ちなみに、この2009年時点のTKBには、ロシアだけ首脳が2人リストアップされています。当時のメドヴェージェフ大統領とプーチン首相です。ロシアの政治体制からすれば、大統領が政治の最高責任者ですが、当時実際の最高権力者は首相のプーチンと目されていたためでしょう。

江崎：その他の国は、政治体制に応じて大統領や首相が1人ずつ記載されているわけですね。

茂田：とにかく政治的にナンバーワンの人物が首脳としてリストアップされています。つまり、大統領制で大統領の権力が強い国は大統領、首相が強い国は首相です。

江崎：日本は2009年当時、麻生政権だったので、麻生太郎さんの名前があると。

茂田：めでたいことに、確かにありました（笑）。たとえ同盟国であろうと、他国である限り、諜報対象にするのは当然です。相互の利害が100％一致することなどあり得ませんからね。仮に麻生さんが対象にされていなかったとすれば、「日本は首相を諜報対象とするほどの価値も重要性もない国」と評価されていることになります。その方が極めて問題です。

この首脳対象TKBに載っていない主な首脳は、UKUSA5カ国の首脳くらいしかいないと思います。UKUSA諸国は、原則として互いにインテリジェンス対象にしないという了解がありますから。

江崎：僕が永田町で仕事をしていた時、例えば、次の駐日アメリカ大使がどういう人物なのかという情報を外務省に要求することがありました。それに対して、外務省が持ってくるのは、大使の経歴が書かれている程度のわずか1枚か2枚のペラ紙です。そんな情報はアメリカの国務省のサイトを見れば分かります。それを日本語訳しただけのものを、外務省は情報要求に対して持ってきたのです。そんなものをもらったところで、僕らはどうしようもありません。TKBのお話を伺って、そのことを思い出しました。

茂田：首脳対象のTKBは、アメリカではおそらく誰でも見られる共通データベースではないかと思います。それとは別に、蓄積された情報を基にして、もっと詳細な各分野のデータベースも当然作っていると思います。それだけの蓄積がありますからね。

江崎：僕も米軍やアメリカ国務省の関係者と付き合いがあったので、僕がいつどこで米軍・国務省の誰と会ったのか、どういう立場で何を話していたのかというデータも議事録などの形で全て蓄積されていると思います。そういった情報までおそらくNSAは全てデータベース化しているということですよね。

茂田：そういうことです。TKBには、政府首脳のみならず、様々な標的の情報がデータベース化されています。TKBに登録されている標的の総数は、10万人以上20万人以下だそうですが、それだけのデータベースを構築しかつ更新していくのは大変な作業です。NSAの諜報活動がかなり広汎に及んでいることが分かります。その中でも、政府首脳のデータベースは一番簡単な、誰でも知っているレベルのものだと思います。

金融制裁が可能なのは資金の流れを掴んでいるから

茂田：続いて紹介するのは、フォロー・ザ・マネー（Follow the Money）です。

違法武器取引や、抑圧的政権への支援、経済制裁破り、テロリスト支援、薬物密輸など、諜報機関が関心を持っている様々な活動には金の動きが伴います。と言うことは、国際的な金の動き自体に着目して、関連データを収集分析すれば、有効な諜報活動ができるわけです。そのため、NSAには、金の流れに関するデータを収集分析する部門があります。

この部門では、金融機関間の送金やクレジット・カード取引情報など、世界中の金融取引データを大量に収集して、「トラックフィン（TRACFIN）」というデータベースを構築して分析に活用しています。このトラックフィンの保管データ量は、2008年時点では約2000万件（データセット）でしたが、2011年では約1億8000万件の記録（データセット）に急増しています。そのうち84％はクレジット・カード取引データです。

江崎：クレジット・カードの取引データがあれば、その人がいつどこに行って、どこに宿泊し、どこで食事をしたのか、など相当のことが分かります。

茂田：クレジット・カード取引データの取得整備は、２００９年に開始された「ディッシュ・ファイア」システム（テキストメッセージからのデータ抽出システム）を使用して、世界の銀行約70行からテキストメッセージ形式で送信される取引データを取得し保管しています。更に、ＶＩＳＡやマスターカードなど特定のカード会社を対象にした収集も行っているようです。２０１０年の内部資料では、ＶＩＳＡについて、欧州・中東・アフリカの利用者を主対象にして、個別商店とカード会社間の支払承認の通信経路でのデータ収集を成功させていると言います。

要するに、主要なクレジット・カードを使うと、その情報を取られてトラックフィンのデータベースに保管されるので、誰がどこでクレジット・カードを使って何を買ったのかという情報は、調べようと思えばすぐに調べられるわけです。

また、ＮＳＡのフォロー・ザ・マネー部門は銀行間送金決済情報も取得しており、国際銀行間通信協会（ＳＷＩＦＴ）の通信システムに侵入してデータを取得しているようです。そもそもＳＷＩＦＴ情報については、アメリカがテロ対策のためにＥＵに対して提供を要請したものの、顧客の秘密保護の観点から交渉は難航し、２０１０年に一定範囲のデータ提供でアメリカとＥＵが合意した経緯があります。つまり、アメリカは、一方で表口からデータ提供の交渉をするとともに、裏口からＮＳＡによって秘密裡にデータを取得してきたというわけです。

金の流れの追跡がどのようなインテリジェンスの成果に繋がるのかと言うと、例えば過去にオサマ・ビン・ラディンがサウジ政府を恐喝し、「サウジ国内でテロをやらない代わりに金よこせ」とサウジ政府から資金調達をしたことがありましたよね。あの時もおそらくトラックフィンでフィリピンの銀行にサウジ政府が巨額の振り込みをしていた事実を把握し、サウジ政府がオサマ・ビン・ラディンに資金を渡したことを突き止めていたのだと思います。

江崎：これは凄まじい威力です。2022年にロシアがウクライナに戦争を仕掛けた後、1カ月も経たないうちに、欧米と日本はプーチンとその関係者に対する金融制裁を実施しました。それができたのもフォロー・ザ・マネーの成果ですよね。

茂田：基本的に金の流れを掴んでいるからできるわけです。誰がどういう口座を使っていて、どこからどこへお金が流れているのかを全て把握しています。

江崎：例えば、プーチン関係の口座の場合、偽名やフロント企業のものも含めて、全てデータベース化してお金の動きを把握している。だから、ああいう金融制裁ができると。

茂田：普段からそういう口座はデータベース化して研究しているということです。金融制裁が決定してから初めて探し出すわけではないということですね。前述のオサマ・ビン・ラディンの事例も、サウジ政府からオサマ・ビン・ラディンに堂々と送金するわけがありません。みんなダミーを使っています。そういう情報も普段から蓄積して分析しているから、いざという時に金融制裁ができるわけです。

2013年の時点で暗号通貨対策に取り組んでいたNSA

茂田：資金の流れに関連した話で言うと、NSAはビットコインに代表されるクリプト・カレンシー（暗号通貨）の対策にも2013年時点で取り組んでいたことが、スノーデンの漏洩情報で明らかになっています。

御存知のように、ビットコインはブロックチェーン（情報通信ネットワーク上の端末同士をダイレクトに接続し、暗号技術を用いて取引記録を分散的に処理・記録するデータベースの一種）の技術で取引履歴が維持されているので、ビットコインのアカウント自体は誰でも簡単にたぐることができます。しかし、問題は、それらのアカウントの所有者が匿名で誰と紐付いているのかが分からないということです。だから、例えば盗まれた金が特定のアカウントに入っていることが分かっても、そのアカウントの背後にいる人間が分からない。今でこそこれは大きな問題になっていますが、NSAは2013年の段階からこの問題に取り組んでいました。

江崎：北朝鮮のサイバー部隊がビットコインを盗んだといった情報が時々出てくるのも、NSAがビットコインの取組をしていて、フォロー・ザ・マネーの仕組で北朝鮮の資金の流れを把握しているからなのですね。

茂田：そうです。全てのアカウントと匿名の所有者を紐付けできているかどうかは別として、基本的に背景の所有者を特定するための努力を続けています。2013年当時NSAがビットコイン追跡で使っていた唯一のシステムが、通信基幹回線からの収集のうちの「モンキー・ポケット（Monkey Pocket）」というシステムだそうです。それは、ビットコイン・アカウントにアクセスしてくるコンピュータ端末に関するデータを収集するシステムのようです。

その「モンキー・ポケット」を使って攻略していたのは、あるインターネット匿名化サービスです。犯罪目的でビットコインを扱う者は、アカウントにアクセスするのに、自分のコンピュータ端末から普通にアクセスすると端末を探知されてしまいます。そこで、自分の発信端末を分からなくして探知を逃れるために、インターネット匿名化サービスを使うわけです。では、NSAはどうするのだと言ったら、彼らが使う匿名化サービスそのものをハッキングして全部解明してしまえばよいではないかと。

要するに、悪いヤツらの使う匿名化サービスを乗っ取ってしまえば、そして悪いヤツらが皆そのサービスを使ってくれれば、そこを監視するだけで全てが分かる。ということで、当時中国やイランで使用者の多い非西側の匿名化サービスを攻略していたそうです。

NSAは2013年の時点で既にこういう作戦を立てて、クリプト・カレンシーの対策に取り組んできたのです。現在では、もっと多くの取組をしていると思います。

江崎：インテリジェンスの半分は金の動きなので、そうやって金の動きをちゃんと把握しないと、テロやその他の事態に対応できないということですね。

茂田：そういうことです。

日本でも取り組み始めたフォロー・ザ・マネー？

茂田：インテリジェンス活動自体も軍資金なしにはできません。必ず金の流れが裏でついてきます。スパイを使うにしても、エージェントを雇うにしても、金を渡さなければなりません。そして、その金もまた当然どこかから流さなければいけない。金の流れを捉えるのはインテリジェンスにおいて非常に重要だということです。

江崎：日本も北朝鮮への金融制裁の問題に対応するために、資金の流れを追っています。外務省・財務省・金融庁などが連携しながら金融制裁の圧力を強めていくという形で、資金の流れを追いながら北朝鮮の資金の動きを封じ込めるようになったわけです。そして岸田政権になると、日本が欧米と連携して、ウクライナに侵攻したプーチン政権に対する金融制裁を行うまでになりました。当時は財務省だけではなくて、アメリカやイギリスの情報部門の人間も来日して打ち合わせをしたと僕は聞いています。こういうことに関しては、日本も世界のネットワークの一員として一緒にできていると評価して良いと思いますが、茂田先生はどうご覧になっていますか。

茂田：当然関与すべきですが、問題はどこまで深く関与しているかですね。フォロー・ザ・マネーに関してもう一つ、私がすごいと思ったのは、NSAの担当官がアメリカの財務省に研修に行っていることです。アメリカの財務省で数カ月にわたって資金の動きに関する研修を受けて戻ってきて、フォロー・ザ・マネー部門で分析しています。アメリカが羨ましいと思いました。

江崎：それに関連した話で言うと、防衛省・自衛隊の情報部門の人も金融機関や財務省などで研修するようになっていると聞いています。これは良いことだと思います。

茂田：本当に良いことですね。

通信メタデータを分析できていれば9・11同時多発テロを防げた？

茂田：続いて、メタデータ分析について見ていきましょう。メタデータについて改めて説明しておくと、メタデータとは、通信内容以外の、通信に付随するすべての情報です。

具体的には、携帯電話通話であれば、通話当事者の電話番号、携帯端末識別番号（International Mobile Equipment Identity(IMEI) number)、利用者識別番号（International Mobile Subscriber Identity(IMSI) number、シムカードに記載)、回線識別符号、通話日・時刻、通話時間、テレホンカード番号、携帯端末位置情報等です。

また、インターネット通信であれば、Eメール活動のうちメールの内容以外のすべて、すなわち、当事者のメールアドレス、IPアドレス、通信日・時刻等、SNS活動の通信内容以外の情報、その他ネットワーク上の活動（ウェブサイト訪問履歴、ログイン時刻、地図検索履歴等）情報が該当します。

メタデータがすごいのは、パターン化して自動分析できる点です。コンテンツ・データは最終的には分析官が内容を確認しないと情報化できません。ところが、メタデータは一定のデータ形式でパターン化して、大量の通信メタデータを自動で分析できるのです。数学的な分析で相当な情報を取り出すことができます。

江崎：確かに電子メールの中身はいちいち、確認しないといけませんが、誰々宛の電子メールだけ抽出するのは簡単ですからね。

茂田：メタデータにはいろいろな使い方があります。代表的なのは、標的が誰と連絡を取っているか、その連絡者は更に誰と連絡を取っているかなどの情報から人間関係、社会的ネットワークを自動的に分析する「接触連鎖分析（contact chaining analysis）」です。これは特にテロ対策で未知のテロ関係容疑者を発見するのに成果を上げ、2012年中には、分析の結果としてテロ関係容疑者500件の情報がFBIに提供されたと言います。

ちなみに、2001年に9・11同時多発テロが起こった時は、まだ国際テロ対策で接触連鎖分析はしていませんでした。アメリカでは国内通信の通信メタデータを大量に取得する体制ができていなかったためです。当時接触連鎖分析が行われていれば、テロ実行集団を早期に発見できていたのではないかと言われています。

9・11を受けて、当時のNSA長官マイケル・ヘイデンが、ブッシュ大統領からテロ対策のため情報収集の強化を命ぜられました。その際、テロ対策の一つとして提案したのが通信メタデータの利用です。そこから、接触連鎖分析が行える体制が整えられていきました。

なお9・11の事件後ですが、アメリカのインテリジェンスは接触関連分析によって9・11の実行犯の人間関係を洗い出した図を作成しています。これは要するに「9・11の前に我々に接触連鎖分析を自由にやらせていたらテロを未然に防げた可能性がありますよ」というメッセージです。

江崎：それは言い換えれば、電子メールなどの情報を集め、保管し、分析する仕組を持っていない日本には、テロを未然に防ぐ力が弱い、ということですね。

茂田：おっしゃる通りです。我が国では、未知のテロ関係容疑者を発見するために接触連鎖分析をすることができません。それどころか、既知のテロ関係容疑者の行政通信傍受も認められていないので、電子メールや電話の傍受はできません。

米国であれば、FBIがこいつはちょっと怪しいと考えれば、対外諜報監視法に基づいて行政通信傍受で秘密のうちに電子メールや電話を傍受して容疑を掘り下げることもできます。いざとなれば、秘密捜索や盗聴器のセットさえできるのです。欧州諸国も同様です。

我が国ではこういう国家安全保障のための行政調査権限がありませんので、テロを未然に防ぐ力は極めて弱体です。オウム真理教によるテロも未然に防ぐことはできませんでした。その状況は今も変わりません。私は治安機関のOBですので、内心忸怩《じくじ》たる思いですが、読者には実態を知っていただきたいと思います。

メタデータで人物像を丸裸にする「人物分析」

茂田： さて次にもう一つ、メタデータの使い方として代表的なものは、標的のインターネット通信メタデータを分析することにより、その人物像、生活習慣や生活実態を浮き彫りにして把握する「人物分析」です。

標的が誰といつどの程度Eメールのやり取りをしているか、どの程度SNSのやり取りをしているか、どのようなウェブサイトにいつ、どれくらいアクセスしているか、スマートフォンの現在位置はどこか等のメタデータを分析することにより、標的の友人・知人関係、どのような組織団体（宗教団体や政治団体その他）と関係を持っているか、居場所と移動の状況、生活習慣、行動履歴が分かります。また、それだけでなく、何に関心を持っているか、行動の意図は何か等々、その人物を浮き彫りにする情報を入手することも可能です。

更に、それ以外の情報、例えば銀行口座情報、保険情報、フェイスブックのプロフィール、旅客名簿、選挙人名簿登録、財産情報、税務情報などと合わせて分析すれば、標的のより詳しい全体像を知ることができます。特にFBIなどアメリカの政府機関であれば、これらは容易に入手できる情報でしょう。

江崎：これはもう民間企業でもやっていることですよね。例えば、僕は自衛隊や防衛省、インテリジェンスに関する情報を検索することが多いので、グーグル検索でも自然とそういう情報が上位に表示されるようになっています。言い換えれば、江崎はインテリジェンス、安全保障に関心を持っている人物だということが、グーグル検索情報を通じてバレているというわけですね。

茂田：おっしゃる通り、今や民間企業もメタデータ分析を使ってサービスを提供し、収益を上げています。

江崎：ビッグ・データを使ってメタデータ分析をしているわけですね。

茂田：ビッグ・データは、実はメタデータなんですね。当然のことながら、民間企業はみんな、より多くの収益を上げるために、ビッグ・データを活用している、つまりメタデータ分析を行っています。アメリカ政府もやっている。だけど、日本国政府はやっていない。

江崎：そもそも日本国政府がこういうメタデータ分析をやるような仕組を作っていない、ということですね。

茂田：今の日本の法解釈では、おそらくメタデータも「通信の秘密」に抵触するので、「政府がそんなことをするのはケシカラン！」と言い出す人たちが出てきます。

江崎：でも民間企業はやっている。

茂田：民間企業の場合、ユーザーがサービスを使うに当たって、みんなよく分からないうちに、利用規約に「同意します」にチェックを入れさせられるわけです。その規約の中で企業側が必要なユーザー情報を使えるようになっています。

江崎：僕もフェイスブックやツイッター（X《エックス》）、YouTubeなどを利用していますが、やはり僕の関心事の広告が出るようになっています。そうやってメタデータを商業利用しているわけですよね。

茂田：日本国内の企業だけではなくて、世界中の企業が日本人のメタデータを商業利用しています。ところが、日本には、日本政府に対してだけ「国民の情報を取るな。プライバシーを守れ」と主張する人たちがいる。極めての異常社会です。

江崎：アメリカも中国もロシアも北朝鮮も、他の国は日本でやりたい放題やっているのに、日本政府だけ駄目だと手を縛るのは、どう考えてもフェアじゃないですよね。

茂田：おっしゃる通りです。「日本政府だけが悪である。民間企業や外国政府は悪ではない」というような極めて不思議な思考が根底にあるのではないでしょうか。

スパイ映画の世界が現実に

茂田：メタデータ分析の中でも注目されるのがＦＡＳＣＩＡ(ファッシア)という位置情報データベースを使った、携帯電話の位置情報を追跡する手法です。

ＮＳＡは２０１２年当時、スマートフォンを含む世界中の携帯電話の位置情報を、毎日50億件近くも収集し、そのうち情報価値の高い数億件を保存していたと言います。50億件と言っても、同一の携帯電話から毎日複数の位置情報を入手することになるので、携帯電話50億台分の位置情報を収集しているわけではないのですが、億単位の携帯電話に関する情報を収集しているのです。

収集する位置情報は、ＤＮＲ（Dialed Number Recognition）データとＤＮＩ（Digital Network Intelligence）データの2種類です。

ＤＮＲデータとは、電話通信網自体から収集されるデータです。通話を可能とするためには携帯電話端末に関する情報を、現在どの通信塔と通信接続可能であるかを含めて、システム上登録しておく必要があります。そのシステムはＳＳ７（Signaling System No7、No７共通線通信方式)という、世界の公衆交換電話網で使われている電話接続管理の通信プロトコールによって管理されています。これにより、電源を入れて携帯電話をネットワークに接続する際、あるいは通信圏（塔）を移動する際には、その情報がシステム上に登録されます。つまり、携帯電話に電源を入れると位置情報のデータがＮＳＡに取られ、ＦＡＳＣＩＡに蓄積されるということです。

江崎：要は日本政府の要人たちがいつどこで電話を掛けたのか、その情報もアメリカ政府によって収集され、蓄積されているわけですね。

茂田：このデータ収集は、第四章で述べた、ＮＳＡの主要な収集プラットフォームである通信基幹回線等から行われています。例えば、「ストームブリュー（Stormbrew）」という計画では、米国通信会社同士の電話回線接続点（ＯＰＣ／ＤＰＣ pairs）27カ所からデータを収集しているそうです。通信回線構成の技術的特徴から、少数の通信会社の協力を得るだけで、他社の契約者の携帯電話情報にもアクセスできると言います。

一方、ＤＮＩデータは、デジタル通信網から位置情報を取得するものです。スマートフォンでは、最寄りのレストランや公共施設を案内するなど、現在地に対応した各種の情報サービスが提供されており、そのために端末のＩＰアドレスと位置情報がグーグルなどのインターネット関連事業者に送信されています。端末の位置情報は端末搭載のＧＰＳにより取得されることが多いと考えられますが、ＧＰＳ情報がなくても、ワイファイ・データあるいは複数の通信塔からの三角測量により算出されています。ＩＰアドレスと位置情報を自動収集するシステムは、「ハッピーフット」計画と呼ばれています。

２０１２年当時、こうした位置情報を収集する手法は、10種類以上あったそうです。それらを駆使して、ＮＳＡは、世界中の携帯電話の位置情報を集めていました。それをすることで、例えば、人の行動を監視できるようになります。わざわざ尾行をしなくても、スパイやテロの容疑者がいつどこでどのように動いているか分析できるのです。

江崎：アメリカのスパイ映画などで描かれているようなことがリアルで実際に行われていたということですね。

茂田：既に２０１０年代からリアルの世界で行われていたということです。話をまとめると、ＦＡＳＣＩＡとは、携帯電話接続のために通信事業者が常時取得している位置情報やスマートフォンに対するネットサービスのために取得している位置情報を各種の方法で収集して構築したデータベースであり、これを使うことにより、スパイやテロの容疑者の移動状況を人が実際に尾行することなしに追跡することができるというわけです。

江崎：日本の捜査機関は未だに膨大なマンパワーを動員して尾行、監視をしているわけですが、そのため監視できる対象者もそれほど多くはない。日本の捜査機関だけが、前時代的な尾行・監視を続けていて、結果的にスパイやテロの容疑者を十分に監視できていないわけです。日本もアメリカ流の監視システムを導入すべきですね。

茂田：その通りです。最近、警視庁公安部ＯＢが本を出して、ＦＢＩが公安部の尾行・監視技術に舌を巻いたという経験談を紹介して自慢しています。しかし、そもそも欧米諸国のスパイ・テロ対策機関は、日本のように人海戦術で尾行したり行動を監視したりすることは、あまりやりません。他に情報収集手段があるので、必要ないのです。

携帯電話の使い方でテロリストやスパイを発見

茂田：ＦＡＳＣＩＡの使い方ですが、ＮＳＡは、面白いやり方で不審人物の発見も行っています。テロリストやスパイの多くは、例えば、機微な場所に出入りする際には、携帯電話の電源をＯＦＦにしたりＯＮにしたりします。このように、自分の携帯端末に対する監視を警戒して行う行動を「通信保全活動」と言います。ＮＳＡはＦＡＳＣＩＡを利用して、この「通信保全活動」を自動的にアルゴリズムで探知しています。要するに、携帯電話の使用に関して「不自然で怪しい行動」をしている人物を自動的に補足し、抽出しているわけです。

江崎：なるほど。スパイの習性を踏まえて情報収集活動をしているわけですね。

茂田：他にも、次のような行為（いずれも通信保全活動）を自動的に検索するシステムがあると言われています。

○通話時だけ電源を入れる（逆に言えば、頻繁に電源を切る）
○複数の携帯電話を使い分ける（一つの携帯電話の電源を切り、近くで別の携帯電話の電源を入れるような行動）

○会合地点近くで電源を切る（近くで複数の携帯電話の電源が相前後して切られる）
○使い捨て携帯電話を使用する

このような怪しい行動をしている携帯電話を抽出して、それを使用する人物をリストアップし、これまで本書で述べてきた様々な手法を用いて更に個々人を掘り下げ、スパイやテロリストかもしれない不審人物を発見していくというわけです。

その他、ＦＡＳＣＩＡの利用例として面白いものに「同伴者分析（Co-Traveler Analytics）」があります。これは端的に言うと、標的の仲間を探知するための分析です。

例えば、既に把握しているテロ容疑者がいて、その仲間を見つけたいときには、携帯電話やスマートフォンの位置情報を分析することにより、一定期間中にそのテロ容疑者と類似の行動を取る者（位置情報が一致する携帯電話）を検出することができます。テロ容疑者が特定の電話番号の人物と毎回場所を変えて頻繁に会っている等の事実を位置情報で確認するなどして、仲間と思しき人物をあぶり出していくことができるというわけです。

もう一つ、ＦＡＳＣＩＡの面白い利用例として「追跡者分析（Fast-Follower Analytics）」があります。これは、自国の諜報機関の海外駐在員（ＣＩＡの海外エージェントなど）が監視や尾行をされていないかを探知するというものです。当人から実際の行動の詳細情報の提供を受け、これを尾行するような行動を取る者がいるかどうかどうかを分析します。例えば、そのエージェントの位置情報と似たような動きをする携帯電話の位置情報が複数あれば、監視・追跡されていると推測できるわけです。

江崎：なるほど。携帯電話情報を収集・分析する仕組があれば、外国でのヒューミント活動を支援したり、安全確保に務めたりすることもできるわけですね。

茂田：第四章で在外公館を拠点としたＮＳＡとＣＩＡの共同事業「特別収集サービス」を御紹介しました。そこで、「シギントを進めるヒューミント、ヒューミントを進めるシギント」といって、シギントとヒューミントが協力している話をしましたが、これがその一例ですね。

ＮＳＡの手法が民間の商用サービスに

茂田：ＮＳＡが２０１３年時点でこうした位置情報のデータベースに基づく分析を行っていたこともすごいですが、驚くべきは、今や位置情報サービスが民間の商用サービスに広がってきていることです。IP Geolocation サービスと言うそうですが、ＩＰアドレスから、その端末の位置を特定して提供するサービスです。

例えば、携帯電話やパソコン端末のＩＰアドレスを入力すると、その端末がどこにあるのかを教えてくれるのです。今や多くの企業が世界を対象に営業しています。多くは、ウェブサイトにアクセスしてくる相手の地域に合わせて使用言語を変えたり価格表示の通貨を変えたり、効果的なウェブサイト作りのために使うので、位置の精度もせいぜい都市単位が多いようです。しかし、アメリカには住所の通り名など相当具体的に位置を特定するサービスもあります。NSAが考え付いて10年前に始めたような手法が、その精度は別として、いつの間にか民間企業の一般的なサービスになっていることに驚かされます。

江崎：いわゆる子供の見守りサービスもその一つですよね。我が子が今どこにいるか、位置情報のデータベースを利用して、子供の動向を親が携帯電話でチェックできるサービスが既に民間レベルで行われています。

茂田：そうです。ただ違うのは、見守りサービスでは一応、企業とユーザー、情報を取る側と取られる側の相互の同意、契約がありますよね。ところが、IP Geolocationサービスでは、本人の明示の同意を得ないで、企業が本人の端末の位置情報データを提供するサービスが行われていることです。

ですから例えば、ランサムウェアの犯罪の容疑者が使っている端末、そのIPアドレスが分かると、「その人物はモスクワのここのビルにいます。このビルには他にも同じような人間が何人もいます。そこが彼らのヘッドクォーター（司令部）でしょう」という情報まで、民間レベルで追跡できてしまう。今はもうそういう時代になっているのです。

江崎：情報を収集するだけではなく、蓄積してデータベース化することによって、そういうことが本当に可能になってきました。ここ15年ぐらいの話ですよね。

茂田：本当にここ10年、15年ぐらいですね。

江崎：携帯電話の位置情報を活用したサービスは、ここ10年ぐらいで日本でもすごい勢いで広まっています。そうした状況の中で、シギント情報も含めた電子情報というものが、インテリジェンスのあり方が劇的に変わってきたということですね。そして、こうしたシギント、電子情報を活用したインテリジェンスが成り立つためには、膨大な電子情報を保管・蓄積するサーバーが大量に置かれたデータセンターと、それを稼働するための電力が必要になってきたわけです。

茂田：そうですね。そのためNSAはユタ州の荒野に広大なデータセンターを建設しました。このデータセンターの総床面積は100〜150万フィート、平米換算で9万から14万平米に及ぶ広大なもので、その電力消費量も半端な量ではないと言われています。

今はまさに「シギントの黄金時代」

茂田：アメリカの政府機関のシギント活動は、民間よりも先を走っています。漏洩されたNSAの内部文書では、2012年時点の現状認識として「シギントの黄金時代（the golden age of sigint）」という言葉が見られます。世界の相互依存と情報時代の到来によって、シギント活動領域が劇的に拡大した結果、現在（2012年当時）は「シギントの黄金時代（＝我々の時代）」だと評価していました。

江崎：昔は苦労して集めていた情報が、シギントで効率的かつ大量に集めることができるようになった上に、データを蓄積してすぐに分析できる時代になったわけだから、それはもう「黄金時代」の到来ですよね。

茂田：まさに「黄金時代」です。もとより、インテリジェンス各分野の中で情報収集面において最大のインテリジェンスは、実は昔からシギントです。それがますます、太っているわけです。その黄金時代の〝宝の山〟から、世界各国のシギント機関はみんな必死になって宝を取ろうとしています。一方、我が日本国はどうでしょうか。

江崎：そこにまだ岸田政権の安保三文書では踏み込めていません。踏み込むための法的な課題を乗り越えなきゃいけないという段階です。アメリカのように法執行機関による行政通信傍受を可能とするためには、不正アクセス防止法や個人情報保護法などの課題を乗り越えないといけないわけですが、行政通信傍受を解禁して日本が本格的なシギント活動、インテリジェンスの運用ができるようにならないと、日本を守っていくことはできません。その意味でも、なかなか難しいことかもしれませんが、本書で述べられている茂田先生の知見が広く世間に理解されるようになって欲しいと思います。

茂田：我々はスノーデンの漏洩情報があったから、アメリカのＮＳＡの実態を知ることができました。しかし、そういう漏洩情報がない国、例えば中国や北朝鮮、ロシアも、我々の知らないところで実は相当なインテリジェンス活動を行っています。我々日本人も、今はそういう時代なのだという認識を持つことが重要だと思います。

第七章

「インテリジェンスの本家」イギリスの底力

イギリスこそインテリジェンスの本家

江崎：前章まではアメリカのインテリジェンス、特にNSAのインテリジェンスを中心に見てきましたが、本章ではイギリスのインテリジェンスについて伺いたいと思います。

戦後、自民党が創設された際に、憲法改正を党是にしたことはよく知られていますが、実はもう一つ、隠れた党是がありました。それが日英同盟の復活です。

その背景には、我が国の安全保障をアメリカにだけ頼っていて本当に大丈夫なのかという問題意識がありました。とりわけ、インテリジェンスの分野において、アメリカの情報だけに頼っていては駄目だろうという意識があったわけです。その点、イギリスは、特にインテリジェンスの分野においては世界トップレベルの能力を持っています。日露戦争の時のように、イギリスとインテリジェンスの連携を図ることで、アメリカから手に入れた情報をダブルチェックすることができます。それだけではなく、日本のインテリジェンス能力を向上させていくためにも、イギリスと連携する「日英同盟」が絶対に必要だと考えた。それが当時の自民党で安全保障を考えていたメンバーの基本的な考え方だったわけです。

僕も昔はなぜ自民党がそこまで日英同盟の復活にこだわっていたのかよく分かりませんでしたが、中西輝政先生（京都大学名誉教授）の研究会で「イギリスこそが、学問的な分野も含めてインテリジェンスの本家であり、アメリカはその分家だ。確かに、アメリカはマンパワーと金をつぎ込んで凄まじいインテリジェンスのシステムを作る。だが、インテリジェンスの基本的な発想やコンセプトに関しては、やはりイギリスが本家なんだ」と教えていただきました。

茂田：スノーデンの漏洩資料にはイギリス関係のものもたくさんあります。その中でも特に、「これはいかにもイギリスのインテリジェンス活動だな」というものをいくつか紹介したいと思います。

江崎：「エドワード・スノーデンの世界から見たイギリスのすごさ」というお話ですね。

標的の宿泊先のホテルでインテリジェンスを仕掛ける

茂田：一つ目に紹介するのは、「ロイヤル・コンシェルジェ」というプログラムです。翻訳すると「国王陛下のコンシェルジェ・サービス」と言うのでしょうか。名前からして、ユーモアというか、皮肉というか、いかにもイギリスですよね（笑）。

これは、外国の政府高官が世界各地のホテルを予約した際に探知・通報してくれるプログラムです。要するに、外国高官がホテルに予約を入れると、予約確認のメールがホテル側から返信されます。その予約確認メールをプログラムが探知して、イギリスのシギント機関であるGCHQ（Government Communications Headquarters、政府通信本部）の担当官に通報し、担

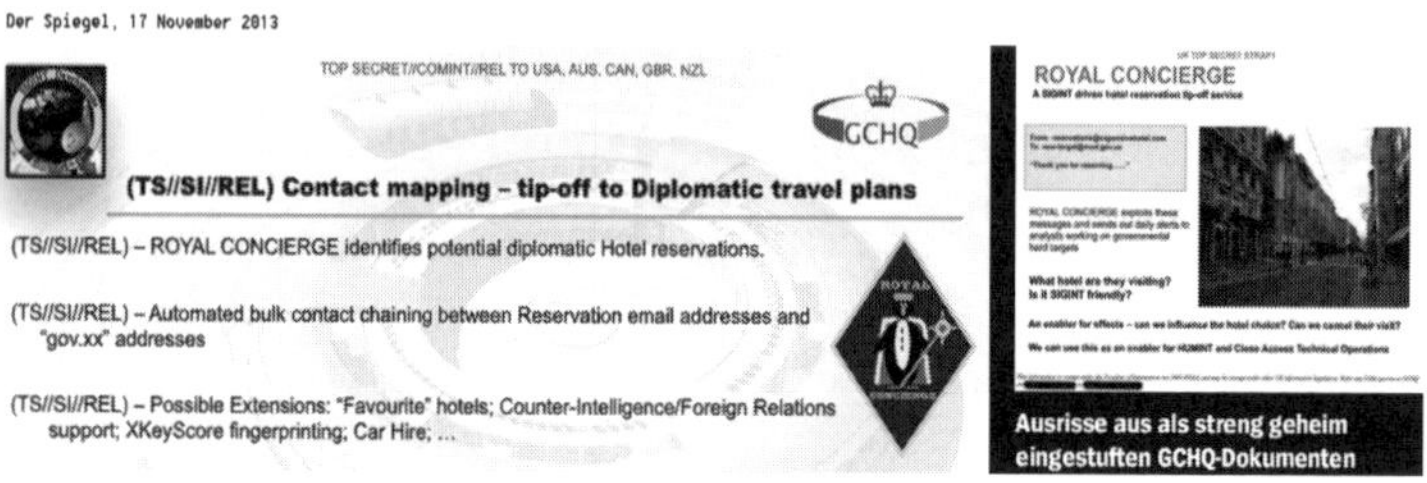

ロイヤル・コンシェルジェに関するスノーデンの漏洩資料

当官が標的（外国高官）の宿泊情報を基に作戦を考えるというわけです。

江崎：外国の政府高官が、どのホテルに、いつ泊まるのかを把握しているわけですね。

茂田：そうです。ではホテルの宿泊予約を把握したらどうするか。漏洩資料には、そのホテルが「シギント・フレンドリーか否か」という設問があります。これはどういう意味か。普通に考えれば、そのホテルがイギリスのシギント活動に協力的で、頼めば情報が取れるという意味だと解釈できます。つまり、そのホテルには既にＧＣＨＱがタッピング（傍受）できる態勢ができ上がっているというわけです。

また、「ホテルの選択に影響力を行使できるか」という設問もあります。これはつまり、標的の宿泊予定のホテルが「フレンドリー」でない場合、ＧＣＨＱに協力的なホテルに変更させるような作戦を考えるということです。常識的な範囲で推測すると、例えば、ホテルの予約確認メールは誤りであった、予約がキャンセルになった等の偽メールを送って「フレンドリー」なホテルに誘導するという手もあります。

更に、「訪問そのものを中止させられないか」という設問もあります。要するに、標的がどこかの国を訪問すること自体が自分たちにとって都合が悪いと判断した場合には、そのような作戦も考えるということですね。

あるいは、ヒューミントも同時に発動するという選択肢もあります。宿泊先のホテルが分かっているので、標的がバーのラウンジで飲んでいる時などを狙って接触するなど、シギントとヒューミントを効果的に組み合わせることができるわけです。シギント機関のGCHQの職員はヒューミント担当ではないですから、ヒューミントに優れたMI6（秘密諜報サービス〈Secret Intelligence Service〉の通称）との連携が考えられます。

江崎：スパイ映画でもホテルがよく現場になっていますね。

茂田：そうなんです（笑）。

政府高官が宿泊できるようなホテルは限られている

茂田：ホテルが「フレンドリー」ではないけれど、どうしても情報を取りたいという時には、アメリカのNSAと同様に、物理的侵入（close access）を行うという選択肢もあります。要するに、技術者を派遣して傍受できるよう工作するということですね。

このように、ロイヤル・コンシェルジェからは様々な作戦の選択肢があることが漏洩資料から推察できます。

江崎：これは読者の皆さんに知っておいて欲しいことなのですが、標的の宿泊先のホテルでインテリジェンスを仕掛けるからと言って、別に世界中のありとあらゆるホテルに網を張る必要はないのです。なぜかと言うと、政府高官は必ずセキュリティ上、安全なホテルを選ぶからです。治安が良くて、安全かつスムーズな車移動ができて、テロ対策もしやすいようなホテル、すなわち、相手国側が警護しやすいようなホテルが必然的に選ばれることになります。

僕も政治の仕事に携わっていたので体験上分かるのですが、政府高官が海外を訪問する際には、意図的にそういうホテルを選択しています。また、ホテルで相手国の政府高官と会合するとなった時にも、そういう安全なホテルでないと彼らも安心して来ることはできません。そうなると、外国の政府高官が宿泊できる条件を満たすようなホテルは、かなり絞られるわけです。

茂田：ですから、ロイヤル・コンシェルジェの監視対象になっているホテルは、世界で約350の高級ホテルしかありません。

江崎：その程度で済むわけですよね（笑）。よく考えられたシステムです。

「シギント・フレンドリー」なホテルなら部屋の中の会話も筒抜け？

茂田：ロイヤル・コンシェルジェでは、世界を覆うUKUSAのシギント・システムによって監視対象のホテルと宿泊客のメールのやり取りを途中で捕捉して、GCHQの担当官に送るのですが、むやみやたらにメールを集めているわけではありません。メールアドレスのドメイン名で特定の国の外務省や国防総省、その他関心ある省庁宛てのメールだと分かるので、そこだけをピンポイントで集めてくるわけです。そして、そのメールを見て、作戦を考える。

江崎：第二次安倍政権の時に、拉致問題の関連で、政府高官が北朝鮮とシンガポールで接触したことがバレたことがありました。なぜバレたのか。考えられるのは、飛行機か、宿泊先のホテルです。日本の場合、政府高官も偽造パスポートを使うことが許されていないので、どうしても本名でホテルを予約せざるを得ないという制度上の欠陥もあります。要するに、秘密の活動や外交交渉といったものは、ホテルを監視しておけばある程度チェックできるということです。賢いやり方ですよね。

茂田：本当にイギリスという国はそういうことによく気が付きます。実際に宿泊先のホテルが分かれば、「フレンドリー」なホテルなら、電話やFAXの記録を取ったり、コンピュータの通信を抑えたりすることができるわけですが、更に言えば、政府高官が泊る部屋も限られています。安い部屋には泊まりません。つまり、高級な部屋には、既にマイクが仕込まれていて、部屋の会話が筒抜けになっているかもしれないということです。

そのように、「フレンドリー」なホテルなら、特別な工作をしなくても、部屋の中の会話まで情報が取れる可能性がある。「フレンドリー」でないホテルの場合は、工作のための技術者を送る。世界中の国はみんなそうやって情報を取っているのです。

江崎：日本に来る海外の政府高官が泊まるホテルもある程度、決まっているので、日本としては「フレンドリー」なホテルにしておきたいところですが、なかなか。

茂田：我が国では、そもそも外国の政府高官の宿泊するホテルで傍受をしようとする発想がありません。仮に実行して露見すれば、検察が捜査を開始するでしょう。

かなり前の話ですが、某国の首脳が迎賓館に宿泊すると、部屋の壁をボロボロにされるので困るという話を聞いたことがあります。その国の先着警護担当はマイクが仕掛けられているのに違いないと確認のため壁を調査するのですが、当然のことながら見つかりません。我が国の迎賓館にはマイクは設置されていませんから。ところがその国の常識ではマイクが仕掛けられていないことは有り得ないので、「ないはずはない」と必死に探すわけです。その結果、壁がボロボロにされてしまう。これくらい、彼我《ひが》の常識が違うのです。

人間は移動中の車内で本音を漏らす

茂田：更に、現地でハイヤーを借りるにしても、外国の政府高官にふさわしいハイヤー会社は国ごとにある程度絞られます。安っぽい会社ではなく、メジャーな会社です。そういうハイヤー会社とも「フレンドリー」な関係が築けていれば、ハイヤーの中にマイクを仕掛けることも可能です。これは人間の性《さが》だと言えますが、政治家や政府高官が会議の前後の移動中、車内で側近にポロッと本音を漏らすことはよくあります。

江崎：その通りです（笑）。

茂田：だから、それも取る。「イギリスならそれくらいやるよね」という話です。

江崎：移動中の車内でつい本音を漏らしてしまうということについて、生々しい話をすると、政治家はみんな多忙なので、どうしても車での移動時間に側近と打ち合わせをすることが多くなります。側近が隣りでブリーフィングペーパーを見せながら、次に行く会場ではどんな話をするべきか、その次には誰と会い、どういう話をしなければいけないか等を車内で確認するというのが、政治の世界の一般的な光景です。なので、車内の情報を取るというのはものすごく有効です。だから政治の世界では、使う車は基本的に自家用車で、タクシーなどは絶対に使わない。タクシーを使えば、車内での会話が全部、運転手に聞かれてしまいますから。イギリスは人間の行動のあり様《よう》や心理をしっかりと分かっていますよね。

茂田：やはり着想が良いと思います。

また興味深いのは、漏洩資料の中には、対象ホテルの所在地として、シンガポールとチューリッヒが例示されていることです。両方とも国際会議がよく開催される都市です。裏を読むと、そこには「フレンドリー」なホテルが少なくないということも推定できます。更に深読みすると、現地当局とイギリスのインテリジェンス機関の間に「フレンドリー」な関係が存在する可能性があります。

イギリスの首相は「生」のインテリジェンス情報に触れている？

茂田：このロイヤル・コンシェルジェのシステムから、付随的に推定できることがいくつかあります。

一つは、イギリスが国外でここまでの工作をしているということは、国内でも同じようなことを必ずやっているということです。わざわざ国外に出て行ってやっているようなことを、もっとやりやすい国内でやっていないわけがありません。

もう一つは、イギリスの首相が日頃から「生」に近いインテリジェンス情報に触れているであろうということです。

これは多くの関係者が知っていて、お話ししても差し支えないと思いますので、日本でサミットが開催された時の話を御紹介します。サミットでは通常、各国首脳の日程行事と移動予定は全て事前に決められていて、本番でもほぼその通りに動きます。しかし、その中で車列移動の予定を頻繁に変えてくる国が一カ国ありました。それがイギリスです。

では、イギリスの首相は予定を変えてどのように動くのか。

イギリス大使館に駆け込むのです。

そこから何が推定できるかと言うと、イギリスの首相は、信用できない車の中では話をしないし、ホテルでも話をしない。安心して秘密の話ができるのは、自分たちの「城」であるイギリス大使館の中しかないということを、首相自身がよく分かっているということです。そこから更に、イギリスの首相が「生」に近い傍受記録を読んでいることが推定できます。

江崎：イギリス自身がホテルや車の中でも盗聴をしているから、自分もそれを避けようとしているわけですね。

茂田：そうです。もちろん、他の国の首脳も同じようなインテリジェンス・ソース（諜報源）からの情報は得ているでしょう。しかし、普通、情報が首脳に報告される際には、サニタイズ（諜報源が分かるような部分を除去すること）されます。つまり、いつどこで傍受したかは分からないようにして、情報成果だけが報告されるのです。だから、他の国の首脳はそこまで鋭敏ではないのでしょう。

一方、イギリスの首相がそこまで鋭敏なのは、あくまでも私の推定ですが、「生」に近いインテリジェンス情報に触れているからだと思われます。だから自分に対しても工作が仕掛けられているだろうと考えて、自然と行動も変わってくるわけです。まあ、我が国だけはそういう情報収集はしないので、我が国内では心配する必要はないのですが。

この首相の動き一つとっても、イギリスがインテリジェンス大国だということを再認識させられます。

江崎：本当に「大国」です。

G20で「画期的な諜報能力」を発揮したGCHQ

江崎：2009年に開催されたロンドンのG20（金融・世界経済に関する首脳会合）に関してもすごいエピソードがあるそうですね。

茂田：ロンドンのG20におけるGCHQの取組ですね。御存知のように、そもそもG20は、レーマン・ショック（2008年9月に米国大手投資銀行レーマン・ブラザーズが経営破綻したことに端を発する世界的な金融・経済危機。日本では「リーマン・ショック」と一般的に表記されるが、本書では英語の「Lehman」の発言に基づき「レーマン」とした）によって世界金融危機が発生しましたが、この危機に従来のG7の枠組ではもはや対処しきれないということで始まりました。2008年11月にアメリカのワシントンDCで第1回G20首脳が開催され、第2回首脳が翌2009年4月、イギリスのロンドンです。G20の財務省・中央銀行総裁会議も9月にロンドンで開催されています。

当然、議長国であるイギリスとしては、失敗できません。そこで、当時のブラウン首相がGCHQに対して、政府を最大限に支援するよう命じたわけです。この指示を受けてGCHQは特別チームを設置して、メールや電話の傍受など、各国の代表団に対する通信傍受を大々的に行いました。

江崎：各国のシェルパ（首脳の補佐役となる事務方代表者）の情報も含めて、全ての情報を取れということですね。

茂田：ええ。シェルパはもちろん、首脳や閣僚の通信情報も取る。それに加えて、当時重視されていたのは情報の速報性でした。会議が終わってから報告をもらっても、どうしようもない。会議のプロセスでしっかりと情報をよこせ、ということです。

ＧＣＨＱがそれに応えて頑張った結果、「画期的な諜報能力（grand-breaking intelligence capabilities)」を発揮できたという自画自賛の言葉がスノーデンの漏洩資料にあります。

では具体的にどのような手法を使ったのか。

一つは、インターネット・カフェの設置です。「海外の代表団の皆さん、ここにインターネット・カフェがあります。便利なので、どうぞご自由にインターネットをお使いください」と言いつつ、カフェで送受信されるメールを傍受していました。またその際、利用者がオンラインでログインするためのログインＩＤやログイン・パスワードなどのデータも収集して、会議後のシステム侵入に役立てています。タダより高いものはありません（笑）。

江崎：国際会議の主催国が堂々と各国の情報を盗聴しているわけですね。

茂田：そういうことです。もう一つは、ブラックベリーのスマートフォンへの侵入です。当時はブラックベリーのスマートフォンが携帯電話の中では最もセキュリティ強度が高いと一般的に言われていました。そのため、心ある人は、傍受される可能性が低いということでブラックベリーを使っていたわけです。

江崎：そうでしたね。確かに米軍の情報関係者でブラックベリーを使っている人がいました。

茂田：当然、当時の各国代表団員もブラックベリーを使っている人が多かったのですが、GCHQはそこからしっかりと情報成果を上げています。と言うことは、当時既にGCHQはブラックベリーの秘匿通話システムの解読に成功していたということです。

江崎：もちろん、解読に成功していたことは秘密にしていたわけですね。

通信記録から会議のキーマンをあぶり出す

茂田：では、当時重視されていた「情報の速報性」に関して、GCHQどのように取り組んでいたのか。

例えば、午前の会議と午後の会議の間の昼休みなどの休憩時間に、代表団員は近しい人間と互いに連絡を取ることがあります。そのタイミングで、会議の流れの現状と今後の対応を確認し合うといったことをするのです。

もちろん、その会話の内容は、貴重な情報です。ただ、その会話内容を傍受したところで、それをインテリジェンスとして役立つレベルに情報化するのに時間がかかる。休憩後の会合には間に合わないという問題がありました。

そこで、GCHQは、この休憩時間に誰と誰がどれくらいの頻度で連絡を取り合ったのかが一目で分かる一枚のチャート図を作り、それを休憩後の会議の直前に、イギリスの代表団に渡したのです。

江崎：なるほど、その図で相手国のキーマンが誰かといった情報が分かるわけですね。

茂田：ええ。イギリスの代表団は、そのチャート図を見ることで、休憩時間の間に関係国間で下調整をした人物などを割り出し、それを頭に入れた上で休憩開けの会議に臨むことができます。このGCHQの取組は非常に評価されたそうです。

ちなみに、これは前章でも見た、メタデータの分析です。通信の中身（コンテンツ・データ）ではなく、誰と誰が何時どのように通信したのかという事実そのものが価値のある情報になるということですね。

江崎：それは重要な情報ですよね。結局は誰がキーマンなのかという話ですから。

茂田：そうです。だから、裏で調整をかけているキーマンは誰かという情報には大きな価値があります。キーマンが分かれば、その人物を説得するなどといった作業にも移ることができます。また、休憩前の会議の流れから、休憩後の会議でどう出てくるかという想定もできるわけです。

アメリカは国際捕鯨委員会の代表団まで インテリジェンスで支援

茂田：より具体的な話としては、このG20において、ロシアのメドヴェージェフ大統領（当時）とモスクワ間の電話を傍受したというエピソードもあります。

メドヴェージェフ大統領はやはり重要事項に関しては、モスクワと通話して確認していました。もちろん、それは当時ロシアが持っていた最高の暗号化通信によって行われていましたが、GCHQはその通話の傍受解読レポートをNSAから提供されて、イギリス代表団に渡すことができたそうです。つまり、アメリカNSAはこの当時、ロシア最高の暗号通話を解読できていたということです。

また、当時の参加国の一つである南アフリカの外務省のシステムにGCHQが事前に侵入して、G20に出席する代表団の対応要領を入手していたという話もあります。そのお陰で、南アフリカの対応方針を事前にイギリス代表団にブリーフィングできたのだとか。

その他には、当時よく分からない動きをしていたトルコ代表団に対しては、随行団員もターゲットに含める徹底的な通信傍受体制を敷いて、しっかりと情報収集したという話も漏洩資料に出ています。

江崎：当時G20でこれをやっていたということは、イギリスはその他いろいろな会合でも同じような体制をとってやっているということですよね。

茂田：その通りです。国際会議・交渉は、どんなものであれ、参加各国の利害の違いが基底にあります。そのため、一定程度ポーカー・ゲーム的な色彩を帯びるわけです。

ポーカーでは、仮に自分の手札を秘密にしたまま、他の参加者の手札を知ってゲームをすることができれば、圧倒的に有利になります。だから、インテリジェンス機関は、重要な国際交渉に際しては、当然相手の手札、手の内を探る活動をしているのです。

相手の手の内を見ながら交渉する。これがインテリジェンスの任務です。前述の通り、イギリスはそれをやっているわけですが、当然、アメリカだってやっています。

江崎：アメリカが対外交渉に強いのも、こうしたインテリジェンス、具体的には相手国首脳の通信を傍受、はっきり言えば盗聴をして、相手の手の内を知っているからですね。

茂田：その通りです。アメリカの大統領が首脳会談をする際には、事前に外国の首脳の手札、手の内がどのようなものか、相当のブリーフィングを受けているのです。ですから第四章でも述べましたが、2013年にスノーデンによる情報漏洩で大騒ぎになり、インテリジェンス、特にNSAがアメリカのマスメディアから袋叩きに会いましたが、時のオバマ大統領はインテリジェンスを擁護しました。大統領自身が最大の受益者だからです。

では、アメリカの場合、どのレベルの会合の代表団にまでインテリジェンス支援を行っているのでしょうか。

驚くべきことに、確か2007年にアメリカのアラスカ州で国際捕鯨委員会（IWC）年次総会開催されたのですが、そのアメリカ代表団に対しても、NSAが前述のGCHQと似たような情報支援を行っています。

我々の感覚で言うと、「捕鯨なんて、もはやアメリカの国益の中核ではないだろう」と思ってしまいますが、実際はそんな分野までシギント機関が支援しているのです。そういう世界だということですね。

江崎：我が国もそういうインテリジェンスの世界でまともに渡り合っていけるようになりましょう、というのがそもそもの話なのですが、我が国は国家シギント機関を持たないまま現在に至っています。それでは、外交交渉で勝てなくて当然ですよね。ある意味、先進国で日本の首脳だけが、相手国の情報を知らずに交渉の場に臨まされているわけで、かわいそうなくらいです。

茂田：その通りです。

サイバー空間でも行われるようになった積極工作

茂田：続いて、イギリスのオンライン秘匿活動（Online Covert Action）について見ていきましょう。これについてもスノーデンの漏洩資料に詳しく出ていて、実態がどのようなものであるか、ある程度推測できます。

オンライン秘匿活動とは、GCHQの定義によれば、「オンライン上の技術を使用して、現実世界あるいはサイバー世界で何かを起させること」とされています。

シギントの世界と言えば、普通はサイバー空間からのデータや情報の収集が中心です。しかし、それだけではなく、オンライン上の活動を通じて、現実の世界にも影響やインパクトを与えようというのがオンライン秘匿活動です。ヒューミントの世界で言えば、いわゆる積極工作(Active Measures)の分野に当たります。

江崎：自らの国益に沿った行動を他国に取らせるために用いられる非公然の手法として偽文書など情報の発信元を隠蔽《いんぺい》したプロパガンダや、あるいは表向きは関係のないよう装った組織を使って示威運動を行ったりすることがあり、これを積極工作と呼びます。

茂田：サイバー空間は21世紀に入ってから巨大なものに発展し、今やサイバー空間自体がヒューミントの世界に近づいてきました。つまり、今まではヒューミントでやっていたような工作も、サイバー空間においてどんどんできるようになってきた。諜報機関の観点に立てば、サイバー空間の拡大、重要性の増大に伴い、サイバー空間においてもヒューミントの世界と同様に「積極工作」の可能性と必要性が増加しているということです。

このオンライン秘匿活動の「教本」のようなものがスノーデン資料で漏洩しました。

江崎：シギントの世界には、データ通信や電話の情報を入手して分析するという活動だけではなく、オンラインを通じて相手の国にこれまでヒューミントで行っていたような積極工作を仕掛ける活動もある。イギリスのＧＣＨＱが取り組んでいる、後者のアプローチのやり方の情報がスノーデンの資料で漏洩したというわけですね。

茂田：そういうことです。

インテリジェンスのためならニュースメディアも利用

茂田：ＧＣＨＱがいつ頃から「オンライン秘匿活動」に取り組み始めたのかは、明確ではありません。漏洩情報によると、２０１０年時点でＧＣＨＱの全作戦の５％はオンライン秘匿活動だったそうです。おそらく活動自体は、相当以前から行っていたのでしょう。翌２０１１年には、専門担当者の資格制度や教育制度（Online Covert Action Accreditation program）も創設・制度化して急速に要員養成を強化するなど、組織として更に力を入れて取り組んでいます。

江崎：僅か10年ちょっと前からなんですね。

茂田：まあ、15年前には既に開始されていたとは思います。担当部署は「合同脅威分析・諜報グループ」（ＪＴＲＩＧ：Joint Threat Research and Intelligence Group）というところで、その中にある「人間科学作戦班」（Human Science Operations Cell）が中核担当部署です。なんとも面白い名前ですね。この部署のコンセプトは「心理学、社会学、人類学、歴史学、経済学、政治学などの人間科学の成果を活用する」。なんともイギリスらしい、大上段に構えた感じがします（笑）。

２０１２年には、翌２０１３年までに１５０人の専門要員を養成し、更に分析官５００人以上に基礎教育をして活動を強化するというプランを立てていました。

活動の場は、オンライン上の全てですから、フェイスブック、ツイッター、ショートメールサービス、LinkedIn、ウェブページ、ブログ、Eメール、ニュースメディアなど、多岐にわたります。面白いのは、「ニュースメディアを利用する」と堂々と言っているところです。おそらくアメリカだったら、これは内部秘密資料でもなかなか書けません。

江崎：インテリジェンスの全体像を見た場合、アメリカはいわゆる50年ルールである程度情報公開することにより、国民に最終的に判断してもらうという民主主義的発想があります。一方でイギリスは「民主主義なんてクソくらえ！」という発想ですよね。国益のためなら庶民に伝えなくていいことは伝えない。メディアだろうが何だろうが国益を守るためならインテリジェンスに利用してもいい。一番大事なのは民主主義じゃなくて国益だ、という考え方です。

茂田：国が成り立たないと民主主義も成り立たないわけですからね。アメリカも50年ルール（※１）でもあたかも全て公開しているかのように言っていますが、除外例がいっぱいあります。

江崎：それはそうですよね。

茂田：本当に困るものは、アメリカだって公開しません。私が読みたいNSAのある文書も、50年以上経っても、一番知りたいところは黒塗りされたままです。まあ、イギリスはもっとその上を行っているからもっと公開しない（笑）。

江崎：そして、イギリスは、ニュースメディアも堂々と利用するわけですね。

アノニマスにもサイバー攻撃を仕掛ける

茂田：では、実際にGCHQがどのようなオンライン秘匿活動をしているのかについて見ていきましょう。大きく分けると、次の三つの活動があります。

①妨害活動
②影響力活動
③オンライン・ヒューミント

①の「妨害活動」は相手にオンラインでダメージを与える活動です。これは更に「技術的な妨害活動」と「情報作戦による妨害活動」の2種類に分けられます。

前者の「技術的な妨害活動」とは、要するにサイバー空間におけるデータや情報をやり取りする通信機能や端末装置の機能自体を技術的に妨害するということです。

手法はいろいろあり、そのためのソフトウェアもオンライン秘匿活動の担当部署である合同脅威分析・諜報グループが開発していて、実に多彩なソフトウェアがあります。

まず、特定の携帯電話に対してテキスト・メッセージを継続送付する「キャノンボール」、特定の携帯電話に継続的に通話呼出しを掛け続ける「スカーレット・エンペラー」などのソフトがあります。実例としては、アフガニスタンのタリバン勢力に対して実施され、約10秒毎にテキスト・メッセージを送付したり、継続的に通話呼出を掛けたりして、携帯電話を事実上使えなくして、タリバンの作戦行動を大いに妨害したそうです。

また、コンピュータにウィルスを送付して端末を使用不可能にする手法もあります。例えば、「大使のレセプション（Ambassadors Reception）」というウィルスは、端末中の全メール削除、全ファイル暗号化による閲覧不能化、スクリーン振動、ログイン拒否などの効果があり、端末が使用不能になります。要するに、今流行のデータの破壊を目的とするワイパー型マルウェア

※1　アメリカでは、50年経過した機密文書は、①秘密の人的諜報源の名前や大量破壊兵器技術に関する情報が含まれている場合、②その他特別の場合を除いて、秘密指定を解除すると大統領令によって定められている。ただし、その判断は当該諜報機関の長の判断に任されており、「その他特別の場合」と諜報機関の長が判断すれば、解除されない。更に75年を超えて秘密指定を維持しようとする場合は、省庁間秘密指定審査委員会の承認が必要となる。日本では、アメリカはいわゆる50年ルールを厳格に守っているという印象が強いが、実際は例外が多い。他方、日本の特定秘密保護法では、30年を超えて秘密指定を維持するには、内閣の承認が必要であり、アメリカよりも秘密保持期間の制限は厳しい。

ですね。近年話題になっているランサムウェア（ファイルの暗号化などでコンピュータを使用不可能にして、復元と引き換えに身代金を要求するマルウェア）のようなものまで、GCHQはとっくの昔に、2010年の時点で作っていたというわけです。

また、DoS攻撃やDDoS攻撃（Webサーバなどに対して複数の端末から処理能力を超える大量のデータを送るなどして通常のサービスの提供を妨げる攻撃）のためのソフトウェア「プレデター・フェイス」「ローリング・サンダー」なども開発しています。攻撃の実施例としては、国際的なハッカー集団として有名なアノニマスが使用する複数のチャットルームにDDoS攻撃を掛け、80％の利用者を追い払ったことがあったそうです。

江崎：携帯電話やサーバーなどに大量のデータを送りつけて、通信を麻痺させる手法はよく聞きますね。サイバー空間を使った破壊工作は近年、ますます深刻になってきています。

オンライン秘匿活動としての「ハニートラップ」

茂田：後者の「情報作戦による妨害活動」とは、サイバー空間の本来の機能、つまりデータや情報を遣り取りする機能を使って妨害する、要するに、様々な手法を使って個人の信用を毀損《きそん》したり、不和の種をまいたりする情報を流布《るふ》して妨害することです。

面白いことに、それらの手法の中にはヒューミントでお馴染みの「ハニートラップ」もあります。オンライン秘匿活動のハニートラップがどういうものかと言うと、例えば、ターゲットをいかがわしいポルノサイトに誘い込み、ポルノサイトを訪問しているという情報をリークすることで彼の人間的な信用を失わせる。今、民間では「お前のパソコンのウェブカメラを遠隔操縦してお前を撮影したぞ。ポルノサイトを見て変なことをしていたことがバレたくなければ金をよこせ」というサイバー犯罪が多発していますが、イギリスはそれを金銭目的ではない動機で行うわけです。

江崎：なるほど、ポルノサイトに誘導して、「あなたはポルノサイトを閲覧している」と恫喝するのも、ハニートラップの一つなんですね。

茂田：もう一つのハニートラップは、オンラインを通じてターゲットを現実の売春地域にいろいろな名目で誘き出す。そして、そういういかがわしい場所にターゲットが訪れているという情報をリークして、彼の信用を毀損するわけです。

江崎：映像なり何なりで現場を押さえるのでしょうね。そう言えば、我が国の文科省高官がいかがわしいところを訪問したといって批判されたことがありましたね。

茂田：そういうことだと思います。もしターゲットが高潔で知られている人間なら、その映像が世に流れることで「え!?　あの人が……」と社会の反応も大きくなりますからね。

あるいは、最近流行した「#MeToo」のような形で、ターゲットから被害を受けたと告発し、関連するデータをオンラインにアップして、ターゲットの信用を失わせるという手法もあります。

その他、ターゲットの同僚・友人・隣人に対して、彼が信用するような偽造アドレスからターゲットに関する否定的な偽メールを送るといった工作もしているようです。

江崎：日本の週刊誌でも、政治家や芸能人の信頼を失わせる情報が氾濫していますが、そうした報道の背後に、外国の工作があるかもしれないと、立ち止まって考える必要がありそうですね。

茂田：その通りです。だいぶ前に週刊誌が、現職総理大臣の「中国人女性問題」を連載したことがありますが、その背景をよくよく考える必要があると思います。

「不和の種」をまいて組織を内部から切り崩す

茂田：妨害活動のターゲットは個人ではなく企業の場合もあります。その場合には、企業の信用を毀損する手法が取られます。具体的には、ブログその他を使用して、他の企業やマスメディアに「秘密情報」を漏洩するという方法などがあります。この「秘密情報」には、現実には公開情報、あるいは開示しても支障のないシギント情報が使用されます。

また、組織内に不和を生じさせたい場合には、組織の内部通信に浸透して人間関係を観察しながら、お互いの敵対心を煽るようなメールを各人に送るなど、組織運営がうまくいかなくなるように仕向けるという手法が使われているようです。

江崎：「不安定化」工作などと呼ばれる手法で、ネットを見ているとこの不和の種をまく手法にまんまと引っかかっている人がたくさんいます。「何をやっているんだか……」と思いながらいつも見ていますが。

茂田：嘘だろうと思うような内容でも、やっぱり効きますから。

江崎：効きますよね。知的訓練を受けていない人は、信用を毀損するちょっとした情報にでも飛びついて騒いでいます。本当にいいように操られているのですが、本人たちはいたって真面目に怒っている。見事にやられています。

茂田：今日ではそれがインターネットの世界でも当たり前になってきましたが、イギリスは今から10年以上前からしっかりと力を入れて取り組んできたということです。

偽の「秘密情報」を相手に掴ませる

茂田：続いて、②の「影響力活動」について見ていきましょう。これは要するに、何かしらの情報を流布させることによって、対象の行動に影響を与えようとする作戦です。

例えば、世論形成に影響を与えたい時には、世論調査の結果を操作するなどの手法が用いられます。また、現在はロシアが行っていることで有名になっていますが、特定のウェブサイトのアクセス件数、ページビュー数、検索ヒット件数等を工作によって水増しして、そのサイトが検索で上位に引っかかるようにして、自然と人々の目につくようにするという手法も使われています。あるいは、特定の動画がYouTubeの上位に表示されるよう操作する。これらの活動を、前述のように専門のソフトウェアを開発して行っているのです。

江崎：不信や不安を煽るような動画はやはりアクセス数が多くなります。それも、実は敵対国が工作として仕掛けている可能性があるということですね。

茂田：その可能性が十分にあります。今はロシアがそのような工作をしているので、アメリカが次々に警鐘を鳴らしているわけですが、実はイギリスもやっていたということです。逆に言うと、どの国もやっているということですね。

江崎：要は相手の工作手法をよく研究して、その問題点を広く国民の間で共有しておかないと、相手国の工作にいいようにやられるということですね。

茂田：そうです。次に、これも実にイギリスらしいやり方ですが、他国に偽の秘密情報を信じさせる手法があります。例えば、対象国がイギリスのどこかのシステムに侵入してきた時、イギリス側はC－CNE（Counter-Computer Network Exploitation、ハッキング対策）でそれを探知します。ただし、探知してもすぐには遮断はしません。遮断してしまえば、単にシステムを守っているだけです。侵入されたシステムがそれほど重要でなければ、敢えて侵入させたままにしておく。要するに、しばらく泳がせるわけです。

江崎：敢えて侵入させたままにして、相手に偽の秘密情報を信じさせるというのは、インテリジェンスの世界ではよく言われている話ですが、実際にこれをされると信じてしまう傾向が強い。現に外国のある政府機関の秘密情報を掴んだとして、「真実が分かった」みたいなことを吹聴する、自称インテリジェンスの専門家がいますからね。

茂田：そういうことです。相手に信じ込ませたい秘密情報（実は偽情報）をそこのシステムに保管して、相手が自分でそれを手に入れるように仕向けます。相手側からすると、自分たちがハッキングして手に入れた情報だから、まさか偽情報とは思わない。「いい情報を得ることができた」と偽情報を信用してしまい、場合によってはそれを政府首脳にまで上げてしまいます。そうすると、その国は仕込まれた偽の秘密情報、すなわちGCHQがその国に信じ込ませたい情報を基に政策を決定することになってしまうのです。

江崎：残念ながら戦前の日本には、そうした情報工作に見事に引っかかったケースが少なくありません。

外国のジャーナリストにネタを提供

茂田：相手に偽の秘密情報を掴ませるやり方で、もう一つ面白いものがあります。シギントでは、システムに侵入する以外にも、インターネットの回線から直接情報を取ることがあります。NSAとUKUSA諸国については第四章で述べましたが、もちろん、それ以外の国も行っています。だから、そのインターネット回線に偽の秘密情報を流して、相手にそれを掴ませる。これは相当高度ですよね。数あるインターネット回線の中から、その国が監視している回線を選んで偽の秘密情報を流して掴ませる、そして、相手が自分たちの判断でそれを手に入れたと錯覚させるわけですから。

江崎：そうやって偽情報を掴ませるわけですね。

茂田：ええ。ポイントは、相手がそれを本物だと信用する形で掴ませることです。

その他、前述の「メディアを利用する」という話に関連して、外国のメディアを利用して情報を流布させる手法もあります。さすがにイギリスも、やはり今は自国のジャーナリストはあまり使わない。外国のジャーナリストをうまく使います。

具体的には、特定の外国のジャーナリストを選定し、その人物に流布させたい情報を提供するなどして、世論の形成者になってもらうわけです。「あのジャーナリストの書いた本はすごくインテリジェンスに詳しいな」と思っていたら、実はGCHQが裏でアプローチしていて、その本の元ネタを提供しているようなケースもあるということですね。

江崎：よって国家機密、インテリジェンスの世界について書いた本は、額面通りに信用できないわけで、慎重な検討・評価が必要になってきます。

オンライン・ヒューミントで外交上の立場を有利に

茂田：最後は、③のオンライン・ヒューミントです。サイバー空間で展開するヒューミント活動です。GCHQの担当官がオンライン上で何者かに成り済まして、ターゲットとした人物と交流するなど活動して、一定の結果を生み出そうとするものです。漏洩資料では、その実例として、フォークランド諸島に関するエピソードが挙げられています。

フォークランド諸島は南大西洋上にあるイギリス領で、イギリスが1833年から現在に至るまで実効支配していますが、1982年にはその領有を巡ってイギリスとアルゼンチンが戦争したことがありました。いわゆるフォークランド戦争ですね。

戦争はイギリスの勝利に終わりましたが、その後もアルゼンチンは領有権を諦めず、中南米諸国を味方につけて外交攻勢をかけてきました。

これに対しGCHQは、イギリスの立場を強化するためオンライン秘匿活動「キト（QUITO）」作戦を立案。2011年3月現在、アルゼンチンによるフォークランド奪取阻止のためのオンライン・ヒューミント作戦を実施中であると漏洩資料にあります。ただし、その詳細は不明で、誰に対してどのような工作を仕掛けたのか等の情報は漏洩資料では明らかになっていません。

江崎：旧ソ連も北方領土問題に関して、同様の工作を仕掛けていましたよね。1975年から

１９７９年まで東京のＫＧＢ駐在部に勤務して対日工作に当たり、その後、アメリカに亡命したソ連・ＫＧＢ諜報員スタニスラフ・レフチェンコ（Stanislav Levchenko）は１９８２年７月14日、アメリカ連邦議会下院情報特別委員会聴聞会において、千島列島にソ連軍を派遣したり、北方領土に新たな集合住宅を建設したりするなどによって、ソ連の意図に対する日本の認識に影響を及ぼし、この領土におけるソ連の支配に対して異議を唱えることが無駄なことだと日本政府に示すコリャーク作戦を実施していたことを証言しています。

茂田：ええ。それはもう有名な話ですね。

サイバー空間の犯罪捜査にシギント機関が協力

茂田：オンライン・ヒューミントのもう一つの事例として、２０１１年夏にＧＣＨＱがハッカーを特定して逮捕したというエピソードもあります。

この事例では、ＧＣＨＱの担当官自身がハッカーを偽装して、ハッカーが頻繁に訪れるチャットルームに参入し、彼らと接触しました。とは言え、チャットをするだけでは、そこに集うハッカーが誰かを特定することはできません。当然、みんな仮名を使っていて、ＩＰアドレス等も分からないからです。

そこで、担当官は、ハッカーたちにハッキングの技術を教えるなどして信頼関係を深め、彼らの信用を十分に得たタイミングで、ハッカーが関心を持ちそうなBBCのウェブニュース記事「誰がハクティビストを愛するか?」のリンクを送って紹介しました。要は、そこにマルウェアを仕込んでいたということですね。ハッカーがそのリンクをクリックすることにより、ハッカーの使用していたIPアドレスを探知して、それを端緒にハッカーを特定することに成功したそうです。

こうして、最終的には、ハッカー4人の人定《じんてい》を特定して、そのうち英国内に居住する3人が2011年から2012年にかけて逮捕され、有罪になりました（1人はスカンジナビア諸国在住のため放置）。裁判所では、彼らの人定がなぜ判明したのかについての資料は提出されなかったと言います。

江崎：リンクをクリックさせることで相手のIPアドレスを探知し、犯人逮捕にこぎつけたというわけですね。

茂田：この事例は一例であり、他にもオンライン・ヒューミントは活用されていると見られます。また、この事例から分かるのは、イギリスではシギント機関であるGCHQがハッカー捜査にも関与しているということです。

イギリスではGCHQや秘密諜報機関などインテリジェンス機関の活動目的に「重要犯罪の防止と探知についての支援」が含まれています。ハッキング行為は重要犯罪とされているのでしょう。いずれにしても、サイバー犯罪の捜査に、サイバー空間のプロフェッショナルであるシギント機関の支援が得られるのは、捜査機関としては心強いことです。

無自覚で認知戦の〝駒〟になっている人たちがいる

江崎：岸田政権は2022年の安保三文書で、認知戦やサイバー領域での工作にも対応していく姿勢を示しました。イギリスが具体的なオペレーションを行っていた十数年後に、日本もようやく国家戦略として一応それらを位置付けた。

茂田：自前で影響力工作やオンライン・ヒューミントをやる気があるかどうかは別ですが。

江崎：それは別として、サイバー領域での問題が深刻化しているから、それに対応しなければいけないという段階にようやく来たということですね。

茂田：そういうことです。

江崎：問題は、サイバー領域におけるインテリジェンスの実態を学問レベルでも理解して、対抗していくための法整備や体制作り、人材育成等を国家戦略として推進していかなければならないということです。本腰を入れて取り組むには、やはり茂田先生のインテリジェンス研究などに着目していくことが必要だと思います。それをせずに、「認知戦に対応するぞ」と言われても、中身がありません。

茂田：具体策がない。今でこそ、いろいろな書籍で「認知戦」という言葉が出てきますが、「それに対応するためには、具体的にどうしたらいいのか」という実務レベルの問題意識が欠けているのです。

江崎：認知戦への対応を声高《こわだか》に訴えながら、曖昧な情報やロシア側の情報を基に、「日本はこんなに駄目な国だ」と平気で主張するような言論人も少なからずいます。そういう人たちこそ、他の国が仕掛けてきた認知戦に加担して自分の国を駄目にしているだけだと思うのですが……。「認知戦」という言葉だけは知っていても、学問レベルで理解していなければ、そういうことになります。

茂田：そういう人たちは自分自身が認知戦の〝駒〟として使われているという認識がありません。

江崎：SNSやYouTubeを見ていると、外国の工作の詳細を知らないため、相手国の駒として使われている自覚のない人たちがたくさんいます。相手のやり方を知る、特にインテリジェンスについて深く理解しておくことが大事であって、愛国心だけで国を守ることなんてできないのです。認知戦に対応しようと思うならば、まずはこの本を熟読して、外国の実例を正確に理解するところから始めたいものです。

第八章 サイバーセキュリティ最前線

ＵＫＵＳＡ諸国はシギント機関がサイバーセキュリティの中核

江崎：本章では、インテリジェンスを考える上でも重要なサイバーセキュリティについてお話をお伺いしたいと思います。まずは「サイバーセキュリティとは何か」という基本的なところから教えていただけますか。

茂田：サイバーセキュリティとは、一言で言うと、インターネット空間のセキュリティをどう守るかです。サイバーセキュリティの体制をどのように築いていくのかという問題に関して、我が国では、いまひとつ方針が固まっていないように思われます。

ＵＫＵＳＡ諸国、すなわちアメリカをはじめとするファイブ・アイズの国々では、基本的にシギント機関がサイバーセキュリティを担当しています。

江崎：シギント機関、つまり通信傍受、もっと言えば盗聴などを担当している政府機関がサイバーセキュリティも担当しているというわけですね。

茂田：はい、そうです。その中でも、イギリス、カナダ、オーストラリア、ニュージーランドの四カ国はシギント機関がそれぞれ「サイバーセキュリティ・センター」という名称の部署を作り、国家のサイバーセキュリティの中核機能を担っています。この四カ国では、国の官庁の中でもシギント機関がサイバーセキュリティを所管して一元的に責任を持つ体制を構築しています。

江崎：各国のサイバーセキュリティ・センターの発足年を確認すると、意外と新しいのですね。イギリスは2016年、カナダは2018年に発足。豪州は2014年に発足して2018年に体制を強化。ニュージーランドも2011年に発足して2017年に体制を強化しています。実際の能力面など中身の問題はともかく、組織の面だけで見れば、日本がこの分野ですごく出遅れているわけではないということですね。

茂田：まあ確かに、中身や能力を別とすれば、組織自体の発足としてはそれほど出遅れているわけではありません。

「餅は餅屋」じゃないと本当のサイバーセキュリティはできない

茂田：シギント機関というのは、実はインテリジェンスの中でも最も秘匿されてきた組織です。従って、これまで原則としてシギント機関は、外の世界とのオープンな接点を作っていなかった。だから、実際のサイバーセキュリティの実力はシギント機関が持っていても、従来はあくまでも裏方で、表には出てこなかったわけです。

江崎：それはそうですよね。シギント機関は、外国の通信を勝手に傍受するところですから、その存在を堂々と公表できるはずもありません。

茂田：しかし、これら諸国でサイバーセキュリティ・センターの発足・強化が行われた2016年から2018年頃にかけて、シギント機関がサイバーセキュリティの中核として表面に出てくるようになってきました。要するに、「やはり一番詳しくて実力を持っている組織に直接サイバーセキュリティを担当させないと駄目だ」という話になったわけです。

江崎：餅屋は餅屋。相手国の情報を傍受・ハッキングする専門機関に、相手国からのサイバー攻撃なども担当させた方がいいということですね。

茂田：はい。そういう経緯で、この4カ国に関しては、シギント機関が公式にサイバーセキュリティの責任部署・所管官庁になりました。

一方、アメリカは、今でもサイバーセキュリティ全般の所管官庁は国土安全保障省の中のCISA《シーサ》（Cybersecurity and Infrastructure Security Agency、サイバーセキュリティ・インフラ安全保障庁）という組織です。シギント機関のNSAではありません。

これには実は歴史的な経緯があります。NSAの内部資料によれば、1984年に当時のレーガン大統領が国防長官を通信情報システム・セキュリティの政府の行政責任者と定めた上で、NSA長官を実施面での責任者（National Manager）とし、NSAに規準制定や認証の権限を与える秘密命令を発しました。これがそのまま実行されていれば、NSAは現在サイバーセキュリティ全般の政府の責任部署となっていたでしょう。

ところが、当時はＮＳＡに権限を集中させてはいけないと考える政治家が多く、国防総省やインテリジェンスに対して不信感を抱いていました。

江崎：日本でもその傾向が強いですが、確かにアメリカにも、政府、特に国防総省やインテリジェンスにあまりに強い権限を持たせると、自由と民主主義が損なわれると考える政治家がいますね。

茂田：アメリカの一部の政治家がインテリジェンスに対してすごく疑心暗鬼になっていたわけです。また、ＮＳＡと商務省の勢力争いもありました。その結果、１９８７年に商務省の「国立標準技術研究所」（ＮＩＳＴ：National Institute of Standards and Technology）に多くの権限が付与され、ＮＳＡの関与は狭い所掌に限定されたのだそうです。そのため、ＮＳＡは長らくサイバーセキュリティを裏から技術面で支える存在になっていました。

ところが、インターネットの発達に伴って、やはりサイバーセキュリティにはシギント機関の専門技術とシギント・インフラが必要だという話になり、その結果、２０１９年にはＮＳＡにサイバーセキュリティ総局（Cybersecurity Directorate）という組織が公式に作られ、ＮＳＡが表舞台に出るようになったのです。

江崎：要はこういうことですよね。以前は通信傍受などで自分たちの通信内容が政府に筒抜けになっていることに疑問や不満を感じていた。だけど、次第に外国からのサイバー攻撃などが激しくなり、情報を盗まれたり、通信環境が途絶したりするようになると、そんな不満も言っていられない状況になってきた。サイバー攻撃から自分たちの情報を守り、ホームページやシステムをダウンさせられないようにするためには、ある程度政府に通信内容を見られるのは仕方ない。そういうふうに頭を切り替えて次のステージに行くしかない、という感じでしょうか。

茂田：基本的には、そういうことだと思います。餅は餅屋にやらせなければ、守れないよねという考えに変わった。要するに、専門の技術者集団に任せないと……どこかの国みたいに法学部卒業生が幹部に座っているような組織では、本当のサイバーセキュリティはできないということです。

江崎：そういうことですよね。

NSAもついに表舞台へ

茂田：NSAは2020年に「サイバーセキュリティ協働センター」（CCC：Cybersecurity Collaboration Center）という、NSAと民間企業とが協力するサイバーセキュリティの官民連携センターを作りました。逆に言うと、それ以前は、裏では民間企業と協力していたものの、表立っては協力してこなかった。それが同センター設立を機に、公式に表立って協力するようになったわけです。

江崎：それはやはり民間企業、例えばグーグルやマイクロソフトなどの存在が国際的な情報・

通信システムの中でこれだけ大きくなった以上、彼らとの連携なしでは、政府だけではもう守れないという話ですよね。

茂田：そういう側面に加えて、ＮＳＡの方も企業側に直接情報を提供する政府窓口になったということなのです。そのためＮＳＡの本部の横に、本部ほどセキュリティの厳しくない新しいセンター専用の建物が造られ、そこに民間企業がたくさん入ってきました。２０２２年夏の段階でアマゾン、グーグル、マイクロソフトなども含めたアメリカのＩＴ企業が５００社入っています。同センターの目的は、一方で、ＮＳＡがシギント活動から得た機密の情報や知見を持ち寄り、他方、民間企業は民間企業で世界規模のネットワークを持っているので、彼らが発見した新しいマルウェア等の脅威情報や彼らの専門技術を持ち寄る。そして、脅威に対抗するための有効な情報を民間に迅速に提供しようというものだそうです。ＮＳＡがどの程度機密の知見を開示しているのか、参加企業全てが同じ情報をもらっているのか、細部の状況は分かりませんが、とにかくＮＳＡが正面に出てきたのです。

江崎：なるほど。アメリカ政府の安全保障に関する情報の価値が高いので、民間企業としてもアメリカ政府との連携もメリットになっているというわけですね。

茂田：ええ。相互支援です。日本では、民間の専門技術や専門知識のレベルが高く、政府機関はそうでもないという印象ですが、ＮＳＡの技術力は高く、かつシギント活動で収集した情報を持っているのです。

江崎：例えば、アマゾンからしても、サイバー攻撃で顧客情報をばら撒かれたり、サイトをダウンさせられたりすれば、会社の利益にかかわります。そのサイバーセキュリティ対策を政府のシギント機関に協力してもらえるなら、やはり企業側からすると助かる。

茂田：ですから、シギント機関と民間ＩＴ企業の「協働体」が公式に成立したわけです。

江崎：２０２０年ということは、今から3年、４年前ですね（対談時は２０２４年1月）。

茂田：ほんの少し前です。こうして、ついにアメリカでもＮＳＡが表舞台に飛び出てきました。

シギント機関の関与なくして〝本当のサイバーセキュリティ〟はできない

茂田：サイバーセキュリティ対策にシギント機関の関与が必要な理由として、大きく三つの要因が挙げられます

一つ目は、攻撃方法を知らないと防御できないということです。

江崎：相手の手の内を知らなければ守りようがないわけで、ある意味、当然ですよね。

茂田：当然です。「矛」を知って、初めて「盾」の使い方や、良い「盾」の作り方を知ることができるのです。「矛」を知らない人には、良い「盾」は作れません。

シギント機関は、これまで述べてきた通り、ＣＮＥ（Computer Network Exploitation、コン

ピュータ・ネットワーク資源開拓）を行っています。仰々しい名前ですが、要するにハッキングですね。やはりハッキングという攻撃がうまければ、それに対する防御もうまい。単純な現実です。

江崎：ハッキング、つまり相手のコンピュータなどに不正侵入して情報を盗む技術を持っている人だから、泥棒対策も適切に実施できるというわけですね。

茂田：二つ目は、シギント・インフラの存在です。

これまでお話してきましたが、NSAをはじめとするUKUSA諸国はシギントのデータ取得のための収集システムを全世界に設置しています。また、データの収集分析用の様々なプログラムも構築しています。当然と言えば当然ですが、それによって収集したデータや構築したプログラムの中には、実はサイバーセキュリティに使えるものもあるのです。第六章でエクス・キースコアや宝地図を説明しましたが、これらはサイバーセキュリティにも活用されています。シギント・インフラはシギント情報収集だけでなく、防御面、そこで重要なアトリビューション（攻撃者の探知特定）を行う上でも欠かせないものです。アトリビューションについては後述します。

江崎：アトリビューション？　諜報、インテリジェンスの世界はカタカナが多くて、本当に取っ付きにくいですね。

茂田：そうなんです。取っ付き難いので、理解が進まないのでしょうね。私も文系人間なので、最初は取っ付き難かったですね。

さて三つ目の要因は、CNEに対するカウンター、すなわちC－CNE（Counter-Computer Network Exploitation、ハッキング対策）です。

NSAも昔から外国のハッカー集団をハッキングしてきました。要するに、C－CNEとは、ハッカー集団をハッキングするということです。

C－CNEによって何が分かるかと言うと、サイバー攻撃の具体的な脅威情報が事前に把握できます。つまり、ハッキングしている連中の手口、どのような攻撃手段を開発しているか、次にどこを攻撃しようとしているか、過去にどのような情報を盗んでいったのかなどがわかるということです。

この三つの要因から、シギント組織がサイバーセキュリティに関与しないと、本当の意味でのレベルの高いサイバーセキュリティ対策はできないと思います。

江崎：確かに、敵のやり方を知っているヤツが一番強いです。

茂田：その通りです。

中国からのサイバー攻撃にカウンターを喰らわせる

茂田：先に挙げた三つの要因の中で、ハッカーをハッキングするC－CNEについて、ここでいくつか事案を紹介します。

一つ目の事案は、中国のCNE作戦への対策です。

NSAは2010年時点で、中国の全CNE作戦に「ビザンチン・ヘデス（Byzantine Hades）」というコードネームを付けてその解明と対策に当たっています。中国によるCNE作戦はいろいろな種類があり、当時少なくとも12の作戦グループが存在すると見られていました。ちなみに、各作戦グループの標的は、主にアメリカなのですが、一部は日本も標的にしています。

江崎：要は中国は、外国、特にアメリカを対象に専門のハッキング作戦を実施していて、その中国によるハッキング作戦には少なくとも12の作戦グループがあり、その総称を「ビザンチン・ヘデス」とアメリカは呼んでいるわけですね。

第二次世界大戦中にアメリカ陸軍のシギント組織は、ソ連と海外の暗号電信を傍受・解読する作戦を実施し、その作戦に「ヴェノナ」というコードネームを付けていました。その傍受記録を「ヴェノナ文書」と呼んでいるんですが、同じように「中国によるアメリカなどに対するハッキング」対策の記録が公開された際は、「ビザンチン・ヘデス文書」と呼ばれることになるんでしょうね。

茂田：公開されれば、ですね。

さて、NSAはその作戦グループそれぞれにコードネームを付け、解明に当たっていますが、その中の一つ「ビザンチン・カンダー（Byzantine Candor)」の解明事例を紹介します。

詳しい経緯を説明すると、まず2009年、国防省のネットワークに対する侵入があり、それをNSAの「脅威作戦センター」（NTOC《エヌトック》）が検知しました。「脅威作戦センター」は第三章で紹介しましたが、NSAのサイバーセキュリティのための監視組織です。

では、発見してどうしたのか。

遮断して侵入者を排除するのではなく、正体を突き止めるために追跡しました。追跡を行ったのは、第五章で紹介した「世界最強のハッカー集団」TAOです。

とは言え、侵入者もバカではありません。多くの作戦中継端末を経由し、かつ発信端末自体のIPアドレスも度々変更するなど、自分たちの正体がバレないよう、様々な偽装工作を行っていました。

発信端末の特定は困難を極めましたが、TAOが各種技法を凝らして追跡していった結果、ついに侵入者の正体が、中国のシギント組織「人民解放軍総参謀部第三部」が使用するユーザーアカウントだと特定できたそうです。

江崎：中国人民解放軍総参謀部(GSD:People's Liberation Army General Staff Department)は、中国共産党中央軍事委員会の軍事工作機関で、その第三部はシギントを担当する「技術部」ですね。ちなみに第一部は作戦部、第二部はオシントやヒューミントを担当する「情報部」、第四部は「電子対抗レーダー」担当ですね。

茂田：そして、そのユーザーアカウントを管理するインターネット事業者のネットワークに侵入した上で、「中間者攻撃」を掛けました。その結果、2009年10月には「ビザンチン・カンダー」グループの五つのコンピュータ端末への侵入に成功しました。それらの端末にはCNE作戦の責任者のものも含まれていたと言います。これによって同グループの構成員情報、技術概要、取得データ、将来の攻撃目標（米国や外国政府職員の個人情報等）などに関するデータを入手することができたと、漏洩資料にあります。

江崎：中国共産党中国人民解放軍総参謀部という中国のインテリジェンス組織のコンピュータ端末への逆ハッキングに成功し、彼らの軍事機密を盗み出すことに成功したとは、いやはや凄まじいですね。

茂田：別のスノーデン漏洩情報から2010年時点の状況を分析すると、NSAは、当時アメリカがターゲットにしていた中国の12以上のCNE作戦グループのうち7、8グループの一部または全部を解明していることが分かります。

このようにして敵対者のCNEの実態解明ができれば、その敵対者によるシステムへの侵入を阻止するコンピュータ・ネットワーク防禦（CND）も実施しやすくなるのです。

江崎：2009年と言うと、どちらかと言うと中国に宥和的なバラック・オバマ「民主党」政権の時のことです。政権は親中派であったとしても、米軍はそうした政権の意向とは関係なく、敵対勢力によるサイバー戦を戦っていたということですね。政権の意向とは関係なくアメリカの安全保障のためにやるべきことをしっかりとやるのがアメリカだという点にも着目しておきたいものです。

対北朝鮮のCｰCNEでNSAの韓国への関心が高まった？

茂田：次に二つ目は、北朝鮮の事案です。アメリカは北朝鮮のハッカー部隊の解明にも力を入れるべく、2010年にその取組を強化したと言います。逆に言うと、実はそれまでアメリカは、北朝鮮のハッカー集団に対してはあまり力入れてこなかったのです。ところが、やはり北朝鮮が好き勝手にやるものだから、やはり北朝鮮のCNE作戦についても解明しなければいけないと動き出した。

とは言え、ゼロから取り組むのは大変です。実際、NSAはそれ以前には北朝鮮のネットワークにほとんど侵入していなかったようです。

そこで、NSAは北朝鮮のCNE対策の一環として、なんとまず韓国のCNE組織のシステムに侵入しました。「北朝鮮は韓国の主敵だから、韓国のシギント機関なら北朝鮮へのハッキングぐらい既にやっているだろう。だったら、とりあえず韓国をハッキングしてみよう」となったわけです。

江崎：同盟国も何もあったもんじゃない（笑）。

茂田：そして、実際に韓国をハッキングしてみたら、韓国が北朝鮮の複数の端末のアクセスを確保していた（ハッキングしていた）のを発見しました。今度はそのデータを利用してアメリカも北朝鮮の端末に侵入できるようになり、北朝鮮のネットワークに対するデータ収集態勢を構築していったそうです。侵入した北朝鮮の端末のいくつかは北朝鮮自体のCNE作戦に使用されていたので、これにより北朝鮮のCNE作戦の解明も進展しました。報道によると、北朝鮮のハッカー部隊は、北朝鮮本国の他、中国やマレーシアでも活動していますが、これらのハッカー部隊への浸透にも成功したようです。

なお、北朝鮮に対するC－CNEの面白い副産物として、韓国のシギント機関がアメリカを標的としたCNE作戦による情報収集を強化している事実が判明しました。漏洩資料によると、当時NSAは韓国のCNE作戦自体にはそれほど関心がなかったのですが、これ以降、韓国に対する関心が高まり、監視を強化したそうです。

これを見ても分かるように、たとえ同盟国でも、お互いに情報を取り合っているわけです。

一部の日本の識者は「アメリカは同盟国に対しても諜報活動をしているからケシカラン！」と言いますが、インテリジェンスとは本来そういうものなのです。インテリジェンス能力のある国は、同盟国に対しても諜報活動をしています。それが国際関係というものです。

江崎：同盟国とは言え、独立国家同士ですから。要は日本もアメリカをはじめとする同盟国に対してハッキングを仕掛けるぐらいのことをすべきだということですね。親米派の政治家、外務官僚たちは「そんなことはすべきではない」と言うでしょうが。

茂田：一番大切なのは、国益です。問題は能力があるかどうかです。能力のある国、イスラエルやフランスも、アメリカを諜報対象として力を入れています。

サイバーセキュリティの情報提供や教育もシギント機関が中心

茂田：ここまで見てきたようにシギント機関は、それにふさわしい能力を持っているからこそ、サイバーセキュリティに取り組んでいるわけです。

ではは具体的にどんなサイバーセキュリティの取組をしているかは、各シギント機関のウェブサイトを見れば、相当詳細に公表しています。その公表部分の一部を紹介しますと、まず一つ目は、サイバーセキュリティに関する「指導・助言・警告」で、現在どのようなマルウェアに注意すべきかなどの情報を提供しています。

江崎：そういった注意喚起は大事ですよね。

茂田：現在、サイバーセキュリティに関する情報が一番豊富なウェブサイトはどこかと言えば、実はＮＳＡの公式サイトなのです。

その中に、「サイバーセキュリティの助言と案内」とでもいうページがあり、サイバーセキュリティ対策に役立つ情報が公開されています。情報には幾つかの種類がありますが、その中でも「助言」（サイバーセキュリティ・アドバイザリー）が最も具体的な脅威情報、ハッカー集団について記載しています。その「助言」は関係する省庁の連名で出されるのですが、米国機関としてはNSAとCISAとFBIの連名が基本ですが、外国機関ではUKUSA5カ国のシギント機関が連名で連なることが多々あります。この事実を見ても、UKUSA5カ国のシギント機関が西側世界のサイバーセキュリティ対策の中核を担っていることが分かります。

次に二つ目は、「技術の提供」です。NSAのサイトには、「オープン・ソース@NSA」というページがあり、ここからサイバーセキュリティ関連の無償ソフトウェアを一般人でもダウンロードできます。また、「サイバーセキュリティ・ソリューション・サービス」もあり、これは技術供与契約を結んだ民間企業や研究機関に対しては、より高度なソフトウェアを提供するものです。

次に三つ目、「教育研究」に関しては、「サイバーセキュリティ優秀教育・研究機関」（NCAE－C:National Centers of Academic Excellence in Cybersecurity）の認定プログラムがあり、NSAが大学などの教育機関と連携協力してサイバーセキュリティの教育プログラムの規準や指導を行っています。要するに、サイバーセキュリティに関する優秀な教育・研究機関を認定してお墨付きを与える取組をしているわけです。

江崎：一方、日本政府には、そうした組織がありません。本当に残念です。

茂田：そうですね。シギント機関がサイバーセキュリティの技術や情勢に一番詳しいわけですから、そこが大学など教育・研究機関のカリキュラムの規準に関与して指導をするのは、ごく自然なことだと思います。他に、NSAは「サイバー演習」も主催しています。

民間企業を守ることこそが国益に繋がる

茂田：さて、四つ目「システム構築」に関しても、一部の国ではシギント機関が国家の重要ネットワーク、システムの構築にも関与しています。例えば、第三章で紹介しましたが、アメリカには、「国家安全保障システム」（National Security Systems）と呼ばれるシステムがあります。国家安全保障にとって重要なシステム、つまり国防総省や諜報機関や国務省は機密、極秘、秘密などのレベルごとに様々な情報システム、ネットワークを持っているのですが、そのセキュリティの担当部署です。更に、その一部である国防総省のNIPRNetと呼ばれるネットワークはNSAがサービスプロバイダーもしています。また、ニュージーランドでは、シギント機関である政府通信安全保障局（GCSB：Government Communications Security Bureau）が政府のインテリジェンス機関の機密情報システムの設計調達を担当しました。他に、諜報機関、国防軍、外務省、警察を含む政府組織の秘密情報システムについては、GCSBが暗号や重要装置を提供しています。

更に五つ目ですが、「事案対応」でも、公表資料を見ると、英国やニュージーランドでは、シギント機関が中心的な役割を担っています。

例えばイギリスでは、GCHQのサイバーセキュリティ・センターに「事案管理チーム」があって、全ての事案の報告を受けます。事案の重要度によって6段階に仕分けし、軽微な事案は民間のサイバーセキュリティ企業に振り分けるなどの対応をしていますが、重要な上位3段階の事案については、センター内に「戦術指導部」を設置して、警察とも情報を共有して対応します。更に重要な事案は政府の「戦略指導部」に報告して、関係省庁も参加して対策が取られるのです。

イギリスのシステムがすごいのは、政府の「戦略指導部」が関係官庁との調整も引き受けるということです。だから、重大な事案をサイバーセキュリティ・センターに持ち込めば、彼らが窓口となって政府機関との調整まで全て対応してくれる。おそらく民間企業からすると、これが一番ありがたいと思います。イギリスのこのやり方は本当に賢い。

江崎：確かにサイバー攻撃を受けてシステムがダウンし、全く動けなくなっている状況だと、政府側で問題を引き受けてくれる中心的な組織があれば心強いでしょうね。

茂田：今、日本の企業が困っているのは、問題が起こった時に報告対象が多すぎることです。何かにつけて、同じような報告を、所管官庁をはじめ、あちこちにしなければいけない。これは大変な労力です。

江崎：なおかつ、報告したからといって、何とかしてくれるわけでもないですよね。

茂田：日本の場合は、あまり手助けしてもらえません。

江崎：サイバー攻撃を受けてシステムがダウンしてどうにもならなかったり、マルウェアを仕組まれてデータを取り出せなくなったりして困っている状況の時、イギリスのように、政府の組織が乗り出して積極的に対応してくれるなら、高い税金を払ってあげようと思うけれど、日本のように報告だけよこせと言われても……。

茂田：駄目ですよね。イギリスは特に重大な事案であれば、現実にGCHQの職員が現場まで来てくれます。実際、2017年にイギリスの公営医療「国民保健サービス」（NHS：National Health Service）のシステムがマルウェアによるサイバー攻撃でダウンした時には、サイバーセキュリティ・センターの職員が現地に行って対応し、NHSと監督官庁の保健省との間で対応措置について調整も引き受けたそうです。更に、攻撃者の探知特定でも法執行機関を支援しました。民間企業も含めて、サイバー攻撃を受けた組織からすると、これは本当にありがたいと思います。駆け込めば助けてくれるわけですから。

江崎：中西輝政先生（京都大学名誉教授）と「そもそもインテリジェンスとは何か」というそもそも論の話をした時に、インテリジェンス研究の大家であるオックスフォード大学のマイケル・ハーマン教授の次のような定義を紹介してくれました。

《第一に、インテリジェンスとは、国策、政策に役立てるために、国家ないしは国家機関に準ずる組織が集めた情報の内容を指します。いわゆる「秘密情報」、あるいは秘密ではないが独自に分析され練り上げられた「加工された情報」、つまり生の情報（インフォメーション）を受けとめて、それが自分の国の国益とか政府の立場、場合によると経済界の立場に対して、「どのような意味を持つのか」というところまで、信憑性《しんぴょうせい》を吟味した上で解釈を施したもの。

第二に、そういうものを入手するための活動自体

第三に、そのような活動をする機関、あるいは組織つまり「情報機関」そのもの》

この第一の定義に、インテリジェンスは、政府、国益のためだけではなく、経済界のためでもあるとしているわけです。経済こそ国益の基本であり、その経済活動を担う経済界を守ることもインテリジェンスの役割である、というのがインテリジェンスの定義なのです。

茂田：なるほど。まさにその精神がサイバーセキュリティの分野においても出ていますね。

江崎：出ているのです。だからイギリス政府のインテリジェンス機関が、経済界、民間企業を守っている。

日本の場合は、インテリジェンスの活用による国益が、どちらかと言うと官僚の利益と結びつきやすく、民間企業を守るという発想は弱い。むしろ官尊民卑、官僚は偉くて民間は低い立

場だ、みたいな傾向すら垣間見えることがあります。インテリジェンスの運用以前の、概念のレベルでも、イギリスやアメリカとの間に大きな差があることがよく分かるお話でした。

シギント機関によるアトリビューション支援

茂田：シギント機関によるサイバーセキュリティへの貢献では、今まで、概ね公表されている部分を説明しました。続いて、ほとんど公表されていない部分、シギント機関が裏で具体的にどのような貢献をしているかについて見ていきたいと思います。

一番目は、アトリビューション（Attribution）支援、つまりサイバー攻撃を掛けてきた相手を探知・特定するのにシギント機関がどういう貢献をしているかです。やはり相手を特定できなければ、対応も難しくなります。

江崎：サイバー攻撃を仕掛けてきた相手を探知・特定することを「アトリビューション」というんですね。日本語にすると、「サイバー攻撃相手の探知・特定」ということでしょうか。

茂田：まあ、「攻撃相手の探知・特定」というか、「攻撃者の探知・特定」というか、ですね。日本語訳はまだ固まってはいないと思います。

さて、アトリビューション支援に関する事例はたくさんありますが、ここでは代表的なものを一つ紹介します。2014年にソニーのアメリカの映画会社ソニー・ピクチャーズ・エンターーテインメント（以下、ソニー映画）が北朝鮮にハッキングされて、会社のコンピュータのデータを消去・漏洩された事件です。

当時ソニー映画は『ザ・インタビュー』という北朝鮮を揶揄《やゆ》するコメディ映画を製作していました。内容は、北朝鮮の独裁者・金正恩の暗殺を主題としたものです。これに対して北朝鮮外務省は２０１４年６月、同映画は絶対に容認できないとの声明を発していました。

同映画の上映予定日（12月25日）を１カ月後に控えた２０１４年11月24日、ソニー映画のコンピュータ数千台からあらゆるデータが消去され、システム全体の運用を停止せざるを得ない状況になるという事件が起こります。更に、それから数日間にわたり、犯人が事前にシステムから窃取していたとみられる膨大なデータの中から情報漏洩が開始されました。内容は、職員の個人情報や有名俳優に関するゴシップ情報、未公開映画のコピーや台本などです。これも会社にとっては大きな損害でした。

続いて、12月16日には、「平和の守護者」を名乗る者から、『ザ・インタビュー』の上映を中止しなければ、大規模テロを含むさらなる攻撃を示唆する脅迫がもたらされました。これを受けて、多くの映画館チェーンが上映中止を決めたこともあり、ソニー映画は映画自体の一斉上映の中止を決定しました（日本では公開中止だが、アメリカでは２０１４年12月25日に独立系映画館３３１館で限定公開された）。

江崎：サイバーテロに屈してしまったというわけですね。

茂田：そうですね。他方、ソニー映画が賢明だったのは、最初にデータが消された事件後、すぐにＦＢＩに駆け込んだことです。

捜査を始めたＦＢＩは、データが消去されてから１カ月も経たない12月19日に北朝鮮による犯行だと断定する広報資料を発表しました。

それによると、ソニー映画は捜査における偉大なパートナーであり、11月24日攻撃の数時間後にはＦＢＩに通報があったため、迅速に捜査が開始され、攻撃元が特定できたそうです。また、他の政府省庁とも協力して捜査した結果、北朝鮮政府に責任があることを示す十分な情報を得たとしています。

結局、そこから犯人を特定して指名手配するまでには、時間がかかりました。ＦＢＩが北朝鮮の偵察総局の人物３人、通称「ラザルス」グループですね、これを特定して起訴したのは、６年後の２０２０年のことです（ただし内１人は２０１８年にも起訴しています）。

江崎：北朝鮮による拉致被害者奪還を巡って北朝鮮と対峙している我が国にとっても他人事ではない事件ですね。

茂田：はい。他人事ではありません。

C−CNEにエクス・キースコアも活用

茂田：さて、FBIは広報資料で「他の政府省庁とも協力して捜査した」と述べていますが、これはNSAのことを指していると思われます。と言うのも、広報資料発表の翌月に当たる2015年1月、FBI主催のサイバーセキュリティ国際会議において、マイク・ロジャースNSA長官（当時）が、北朝鮮の犯行であるとする十分な自信があると述べたのですが、捜査においては、NSAの技術力だけではなく、NSAが提供したデータも貢献している旨を述べているからです。ちなみに、ロジャース長官はFBIと同様に、ソニー映画による迅速な通報を賞賛しています。

江崎：サイバーによる恫喝を受けた日本企業が警察に相談したとして、アメリカと同じような結果を出せるかどうか。日本も国家シギント機関を作ってアメリカのようにサイバー攻撃の相手を特定できるだけの能力を持てる国になりたいものです。

茂田：そうなって欲しいですね。

さて、注目を引くのは、ロジャース長官が、NSAの技術力だけではなくデータも北朝鮮の犯行断定に貢献していると発言していることです。これは具体的には、第六章で紹介した「エクス・キースコア」が貢献したのだと思われます。

江崎：スノーデンが暴露した検索システムですね。

茂田：エクス・キースコアは前述の通り、ＮＳＡの優れたデータ記憶・分析ツールであり、世界中からデータを吸い上げて蓄積し、検索までできるシステムです。スノーデン自身、２０１６年のインタビューで、エクス・キースコアを使って、中国のハッカーを追跡したことがあるという体験談を語っています。

また、漏洩資料の中にイギリスのＧＣＨＱの職員のための事典で、「ＧＣＨＱ版ウィキペディア」と言える『GC-Wiki』がありますが、そこにはサイバー防衛でエクス・キースコアをどう使うか詳しく書かれています。

更に、ＮＳＡの漏洩資料の中には「XKEYSCORE for Counter-CNE（エクス・キースコアによるＣＮＥ対策）」という資料があります。これはエクス・キースコアを使ってハッカーを追跡していくＣ－ＣＮＥのノウハウを分析した、部内レクチャー用の資料です。

江崎：サイバー攻撃の犯人を追跡するためのマニュアルみたいなものですか。

茂田：マニュアルですね。部内の分析官にエクス・キースコアの使い方を教えるための技術教本があるということです。

江崎：日本だと、サイバー戦に対応するために優秀なハッカー、技術者を雇えば何とかなるみたいな空気がありますが、アメリカは個人の能力に頼るのではなく、組織的にサイバーに対応できる仕組を構築し、情報を蓄積しているわけですね。

茂田：個人の能力も重要でしょうが、アメリカには更にそれを支えるシギント・インフラやシステムがあるということですね。

攻撃者の探知・特定にはシギント・インフラが不可欠

茂田：もう一つ付け加えると、ＮＳＡは先に述べた通り、２０１０年からＣ－ＣＮＥで北朝鮮のハッカー集団の解明に力を入れて取り組み、一部のハッカー集団に対しては、浸透も成功していました。その成果は当然、２０１４年のソニー映画の事件にも活かされていると思われます。ソニー映画を攻撃したハッカー集団自体に浸透していたかどうかは別として、北朝鮮のハッカーがどういう発想で、何をターゲットにしているかという全体像はかなり把握していたはずです。

江崎：そうした北朝鮮に対する情報分析のデータの蓄積がＮＳＡにあり、それをＦＢＩに提供したからこそ、結果的にＦＢＩも北朝鮮の犯行だと断定することができたということですね。

茂田：そういうことです。

それから、第四章で紹介した、ＮＳＡの主要な情報取集プラット・フォームの一つ「プリズム（ＰＲＩＳＭ）計画」もアトリビューションに活用されていると思われます。

念のため繰り返しておくと、プリズム計画とは、「特別資料源作戦（ＳＳＯ：Special Source Operation）」の一つであり、民間事業者の協力を得て行う作戦です。ヤフーやグーグル、マイクロソフトなどアメリカの大手インターネット関連企業9社の協力を得て、これらの企業のデータセンターからデータ（コンテンツ・データおよびメタデータ）を大量に収集しています。その中には当然、Eメールに関するデータもあります。

この2020年の起訴状にくっついた疎明資料というのがあるわけです。ずっと読んでいくと、北朝鮮のハッカーも要するにGメール等を使いまくっているわけです。やはり、使わないとオペレーションできないわけです。それを今度は逆に克明に解析している。

それから、第六章で「NSA版のグーグルマップ」として紹介した「宝地図」（世界のインターネット地図）も当然アトリビューションに役立っていると思います。宝地図は五つの情報レイヤーで構成されていて、最終的には各端末の利用者の情報まで把握できる仕組になっていましたね。もちろん、この「宝地図」が世界のインターネット地図としてどこまで網羅的にデータを収集できていたかは分かりません。さすがに、北朝鮮のハッカー集団の各端末や利用者まで予め《あらかじめ》把握できていたわけではないと思いますが、その周辺のインターネット地図があるだけでも、大いに役に立つと思います。

これらのシギント・インフラがあるから、アトリビューションができるわけです。逆に言うと、シギント・インフラが何も整っていない環境で「アトリビューションをやれ」と命じられたところで、そう簡単にできるものではありません。どれほど優秀な分析官でも難しいでしょう。

江崎：確かに。

茂田：アメリカの場合は、シギントに関するシステムが十分に確立しているからこそ、アトリビューションも楽にできているという側面があります。

アクティブ・サイバー・ディフェンスとは

茂田：シギント機関がサイバーセキュリティに貢献している具体例の二番目は、日本でも近年話題になっているアクティブ・サイバー・ディフェンスです。

ＵＫＵＳＡ諸国の漏洩情報などを調べてみると、「アクティブ・サイバー・ディフェンス」という言葉を使っているのは、アメリカとイギリスであり、アメリカの場合は他に内部資料で「アクティブ・ダイナミック・ディフェンス」という言葉も使っています。

では、アクティブ・サイバー・ディフェンスとは何か。

アメリカとイギリスのそれは、あくまで「防禦」です。イギリスの公表資料では「サイバーセキュリティの分析官が自己のネットワークに対する脅威を理解し、攻撃を受ける前にこれら脅威と戦い、または防禦する措置を講じること」と定義されています。

江崎：２０２２年12月に閣議決定された国家安全保障戦略の原型となった自民党安全保障調査会（小野寺五典《いつのり》会長）による『新たな国家安全保障戦略等の策定に向けた提言』では、アクティブ・サイバー・ディフェンスを「一般に、受動的な対策にとどまらず、反撃を含む能動的な防禦策により攻撃者の目的達成を阻止することを意図した情報収集も含む各種活動」と定義していますね。

茂田：そうですね。我が国の「能動的サイバー防御」では反撃を含めていますが、米英のアクティブ・サイバー・ディフェンスの要点は、事前に脅威を把握し、インターネットと防護すべきシステムとの接続点で事前に対抗措置をとることで敵のサイバー攻撃からシステムを守ることです。つまり、「脅威情報の事前把握」と「インターネット接続点における対抗措置の事前設置」であり、我が国の能動的サイバー防御の内容とはズレがあります。

このアクティブ・サイバー・ディフェンスにシギント機関がどのように関与しているのかについては、カナダのシギント機関（CSE：Communications Security Establishment、通信安全保障局）の2011年頃の内部資料が参考になります。ちなみに、カナダはこれを「ダイナミック・ディフェンス」と呼んでいますが、基本的には同じ思想です。

カナダの「ダイナミック・ディフェンス」では、次の三つの要素を結合して行うものだと定義しています。

①インターネットとの接続点での防御
②インターネット空間におけるシギント活動
③敵空間でのCNE（すなわちC－CNE）

①はアメリカやイギリスと同じですね。②はどういう脅威集団があって、どんな活動をしているかという脅威に関する情報をインターネット空間から収集するということです。③はC－CNEによって敵ハッカー集団のネットワーク内を偵察し、敵がどのような種類のハッキング・ツールを開発しているのか、攻撃対象は何か、攻撃時期は何時かなど、予め敵空間から情報を収集することを指しています。

江崎：残念ながら日本の場合、2015年に内閣サイバーセキュリティセンター（NISC）が設置されたものの、そもそもアクティブ・サイバー・ディフェンスを内閣官房、防衛省、警察のどこが担当するのかさえ曖昧です。

民間ハッカーの〝自慢〟を情報収集に活用

茂田：②のインターネット空間で脅威情報を収集する手法に関しては、スノーデンの漏洩資料の中に参考になるものが二つあります。

一つ目は、カナダのCSEが展開している「イオンブルー（EONBLUE）」というサイバー脅威探知システムです。

漏洩資料によると、CSEは、UKUSA諸国の協力を得て、8年以上の歳月をかけて、世界中に200を超える脅威探知センサーを設置したそうです。

このセンサーにはハッカー通信の発見と探知の二つの機能があります。

ハッカー通信発見は「スリップストリーム（SLIPSTREAM）」というプログラムで、ハッカー通信に特徴的な特異性を探知します。通信の周期性、暗号強度のレベル、あるいは通信パケット内容の分析など50以上の特異性の検知方式によって、ハッカーによる通信を発見しようというわけです。要するに、ハッカーがやっている通信はいろいろと〝普通ではない〟特徴があるので、それを手掛かりにハッカーの通信を見つけるということですね。

一方、ハッカー通信探知は「スニッフル（SNIFFLE）」というプログラムがあり、発見したハッカーの通信の特徴（シグニチャ）を識別して、ハッカー通信を探知します。

ハッカーは標的システムのハッキングに成功しても、その後、指令を送ったりデータを取ったりするために、標的システムと交信する必要があります、いわゆるC2（コマンド・アンド・コントロール）通信、その通信を探知する、あるいはハッキングの準備活動を探知する、という作業だと思います。

さて、二つ目は、イギリスのGCHQが開発した「ラブリーホース（LOVELY HORSE）」というプログラムです。

江崎：日本語訳すると、「愛らしい馬」ですね。

茂田：名前は愛らしいですね。やはり、イギリス風でしょうか。
さて、民間のハッカーは、ブログやチャットルームで他のハッカーと交流し、自らのハッキングの技術を誇示したり、窃取したデータを公開したりしています。ラブリーホースは、そうしたハッカー間の交流を自動的にフォローするプログラムです。

ハッカー間の交流で誇示されている情報や技術の中には、サイバーセキュリティに役立つ貴重な情報も含まれているので、それらを収集すれば脅威分析に使用できます。しかし、それをシギント機関の分析官がマンパワーを使ってフォローするのは効率的ではありません。そこで、GCHQは、各種のブログやツイッターなどソーシャルメディアに現れるハッカーによる議論の中から、分析官が関心あるものを自動的に検索・収集し、分類して提供するシステムを開発したというわけです。

これらのデータから、ハッカーの標的や技法を分析して、事前対処に役立てることができると思われます。

江崎：これは犯罪捜査と一緒ですね。

茂田：ええ。全く同じです。おそらく、今では既にアマゾンやマイクロソフトなどの巨大企業も、イオンブルーやラブリーホースと同じような取組をしていると思います。それをシギント機関は10年前からやっているということですね。

江崎：これも賢いやり方ですね。僕らにしても、別にネット上だけではありませんが、確かにインテリジェンス関係の付き合いの中でいろいろと議論をしています。そういうところを狙えば、大体日本のインテリジェンスの動向が分かるでしょうからね。

茂田：その通りです。つまり、こうしたら情報を取れるのではないかと考え付くようなことは、既にUKUSA諸国のシギント機関はみんなやっているということです。

ネットワークに侵入される前に対抗措置

茂田：UKUSA諸国のシギント機関は、このようにしてインターネット空間から脅威情報を収集し、また、先程お話ししたC−CNEによって、ハッカー集団のシステムに侵入して脅威情報を収集しているわけですが、ではその後どうするのか。

そこで注目されるのが、アメリカNSAの「トゥーテリジ（Tutelage）」システムです。これは、脅威情報の事前把握を前提に、システムのインターネットとの接続点に事前に防護措置を講じるものです。

江崎：トゥーテリジ・システム、日本語訳すると、「保護システム」でしょうか。

茂田：コードネームというのは、普通は内容が分からないような名前を付けるのですが、これは、珍しく分かりやすい良いコードネームですね。

さて、NIPRNetという国防総省の情報ネットワーク（秘密情報未満の機微な部内用情報を扱うネットワーク）は、インターネット網と接続されているため、インターネットを経由したサイバー攻撃を頻繁に受けています。インターネットとの接続点（gateway）は、米国領土内

7カ所、ドイツ2カ所、日本1カ所にあり、いずれも米軍関係施設です。

江崎:米軍施設内とは言え、日本にもあるんですね。

茂田:日本では横田基地内にあるようです。これらの接続点には当然ファイア・ウォールが設置され、既知のマルウェア等は遮断しています。しかし、未知のマルウェアなどは即時に遮断できず、ネットワーク内に侵入を許してしまうような事例も多かったと考えられます。

江崎:アメリカのような国でも、未知のソフトへの対応は完璧ではないわけですね。

茂田:やはり、未知のマルウェアの対応は大変なのですね。従来は、接続点を通過した全通信を記録した上で、事後的に記録を分析して、マルウェア等の容疑通信を検出して、侵入報告を作成し、ネットワーク内の標的端末の管理者に通報して対策を求めていました。しかし、この分析報告には数日間を要するため、損害が発生する前に、侵入報告を関係者に届けられるかどうかが課題でした。

そこでネットワーク侵入後に対処するのではなく、シギント能力を活用してネットワーク侵入前から対抗措置をとるトゥーテリジ・システムが導入されました。時期は明らかではないですが、2009年までには導入されたと見られます。

江崎:侵入前から対抗措置をとる、ですか。やられたらやり返せ、ではなく、「攻撃を受ける前にこれら脅威と戦い、または防禦する措置を講じる」というわけですね。

茂田:その通りです。では、どのようにしてネットワーク侵入前から対抗措置をとるのか。

ハッカー集団がマルウェアを作成している段階で、C－CNEでハッカー集団のシステムに侵入して、ハッカー集団の道具や技術を探知し、それに対する対処対抗手段を研究・開発してインターネット接続点に事前に仕込んでおくのです。

ハッカー集団が実際に攻撃計画や攻撃準備に移行すれば、そのプロセスも探知して標的や攻撃時期を把握し、実際の攻撃が来る時には既にインターネット接続点で対抗措置を準備して待ち構えています。その対抗措置も多岐にわたり、2013年時点で開発されていた手段は次の通りです。各種対抗措置では、転送（Redirect）が一番多く設置されていました。

●**警告（Alert/Tip）**

侵入を検知して、防御システム部門とシギント部門関係者に警告を発し、攻撃発信端末への対応を促す。

●**インターセプト（Intercept）**

侵入通信は接続点で捕獲。その上で、攻撃発信端末には、標的端末への侵入成功を偽装した通信を送信する。

●**代替（Substitute）**

侵入させるが、侵入通信は変換して無害化し、他方攻撃発信端末には解読不可能な暗号通信を送信する。

●転送（Redirect）

侵入させ活動させるが、そのデータを外部に送信しようとすると、その送信先を改変して外部にデータが流出しないようにする。その上で、攻撃発信端末への対応を促す。

●遮断（Block）

接続点で通信を遮断。発信端末或は標的端末のＩＰアドレスや（データ通信の）ポート番号に基づき一定の発信や受信通信を遮断する。

●遅延（Latency）

接続点の通信通過速度を低下させ、時間を稼ぐ。

江崎：ハッカー集団にハッキングを仕掛け、事前に相手のサイバー攻撃、ハッキングの手法などを知って対処しておく、というわけですね。

茂田：そういうことです。その他、ＮＳＡが当時開発中のものでは、「ＴＣＰリセット（TCP Reset)」といって、攻撃者がアクセスしたいウェブサイトやファイルが既に存在しない、あるいは通信状況のため接続できないと思わせる信号を送信するもの、あるいは「Quantum Tip、Quantum Shooter」といって、攻撃発信端末からの侵入通信を利用して、攻撃端末に対する逆攻撃（マルウェアの送信）を自動的に実施するものなどがあります。相手方からの侵入攻撃を、即時に利用して、攻撃発信端末への逆攻撃、マルウェア送信を行うというのは、まさにＣＮＤ

（コンピュータ・ネットワーク防禦）とCNE、C－CNEの一体化、一体的運用です。

ドイツも欲しがったアメリカのトゥーテリジ・システム

茂田：スノーデンの漏洩資料によると、2011年当時既に世界の28の脅威グループに対して794個の対応措置が準備されていました。つまり、その時点で、世界中の28の脅威グループ（ハッカー集団）について、NSAがC－CNEによってそのマルウェアの技術や戦術の少なくとも一部を探知・解明し、考えられる攻撃方法794個にそれぞれ対応する防御システムを完成させていたということです。

江崎：相当なエネルギーですね。本当に、聞いているだけで頭がクラクラします。

茂田：ものすごいエネルギーです。日本人の感覚からすると、「まさか現実にそんなことが?」と驚く世界です。

実際、2010年には国防総省高官に対するフィッシング攻撃が行われましたが、それを阻止することに成功しています。

NSAはシギント情報に基づいて、中国の特定のCNE作戦グループによる攻撃への対抗措置を2009年に開発し、事前に配備していました。そのため、翌2010年10月に、統合参謀本部議長、海軍作戦本部長ら4高官に対して、PDFファイルを使ったスピア・フィッシング攻撃（特定の組織や人物を狙い、偽メール等で騙して情報を盗み取る標的型フィッシング攻撃）があった際には、NSAの「脅威作戦センター」（NTOC）が対抗措置を発動して侵入を阻止したのだそうです。

江崎：これは、アメリカだからできるけれど、日本がここまでできるのかと言うと……。

茂田：無理でしょうね。日本単独では、こんなことはできません。

ちなみに、漏洩資料には書かれていませんが、ファイブ・アイズの他の4カ国も2010年代にこのトゥーテリジ・システムを導入していると思われます。彼らのサイバーセキュリティに関する公表資料を細かく読むと、トゥーテリジ・システムが導入されていなければ絶対にできないような成果が報告されていたことがあるからです。

一方、漏洩情報によると、ドイツは2013年の春の段階でトゥーテリジ・システムの導入についてNSAと交渉を始めています。2013年時点で、UKUSA協定国ではないサード・パーティのドイツとの間で、そのような交渉が行われていたならば、UKUSA諸国のシギント機関との間では、トゥーテリジ・システムの導入が進められていたと考えるのが自然でしょう。

江崎：果たして日本では、このトゥーテリジ・システムの名前、存在を知っている政治家が何人いるんでしょうか。インターネットで検索をしたら、「茂田忠良インテリジェンス研究室」の公式サイトだけがヒットしました。

既にアメリカは「ディフェンド・フォワード」のステージへ

茂田：少し長くなりましたが、これがアメリカやイギリスの「アクティブ・サイバー・ディフェンス」なのです。

江崎：なるほど。日本がそこに到達するまでの道のりはまだ遠いですね。

茂田：そうですね。C－CNEによってハッカー集団のシステムに侵入して、その脅威を把握する作戦もしていないでしょうから。しかも、アメリカはもう次のステージ「ディフェンド・フォワード（Defend Forward、前方防禦）」に進んでいます。シギント機関がサイバーセキュリティに貢献している具体例の三番目です。

ここまで見てきた二番目のアクティブ・サイバー・ディフェンスでも、我々日本人から見るとすごいと思うのですが、もはやサイバーセキュリティの世界は、それだけでは守りきれない切実な状況になってきました。世界中の全ハッカー集団を解明し、事前に全ての攻撃に対して対策を立てることなど、NSAの実力をもってしてもできません。それに加えて、NSAが守ってきたのは、連邦政府のシステムです。御存知の通り、アメリカには地方政府もあります。実際に選挙干渉などでサイバー攻撃の被害を受けるのは、地方政府なのです。

江崎：その通りですね。

茂田：また、政府機関だけではなく、民間もサイバー攻撃で大きな被害を受けるようになってきました。アメリカ政府としては、彼らをしっかりと守ることができなければ、もはや国家としてサイバーセキュリティが成り立たない。

そこで、「もはやインターネット接続点で待ち構えていては守れない。サイバー空間あるいは敵空間の中まで〝前方〟に〝前進〟して守らなければ駄目だ」という話になり、トランプ共和党政権下の2018年の「国防総省サイバー戦略」において、今後は「前方防禦」（Defend Forward）で取り組んでいく方針を打ち出しました。

江崎：日本では2024年1月の時点で、アクティブ・サイバー・ディフェンスをできるようになるために、次の三つの課題についてどうするかを検討している状況です。

第一に、「攻撃者を特定し、対抗し、責任を負わせるために、国家として、サイバー攻撃等を検知・調査・分析する能力を十分に強化する」が、その能力は防衛省が担うのか、それとも警察が担うのか。

第二に、「武力攻撃に至らない侵害を受けた場合の対応について」、相手を特定し、公表することで敵対勢力を政治的に牽制することや、刑事犯として訴追し、場合によっては資産凍結などの措置をとることも含め、法整備が必要になる。

第三に、「攻撃側に対する「アクティブ・サイバー・ディフェンス」の実施に向けて、不正アクセス禁止法等の現行法令等との関係の整理」を内閣法制局としなければならない。

一方、アメリカは、アクティブ・サイバー・ディフェンスだけでは不十分だとして、次の段階へ進もうとしているわけですね。

茂田：そうです。2018年の「国防総省サイバー戦略2018年」の骨子は以下の通りです。

●米国は中国・ロシアと長期戦略的な競争状態にある。両国はサイバー空間で執拗な攻撃を反復し、戦略的脅威となっている。

●中国は米国の公私の組織から執拗に機微な情報を盗み出しており、ロシアはサイバー空間を利用した情報工作・影響力交錯を展開している。他に、北朝鮮とイランも米国に対して悪意あるサイバー活動を行っている。

●これらの脅威に対して、国防総省は、日常的にサイバー空間で行動する必要がある。そして「前方防禦」(Defend Forward)によって悪意あるサイバー活動をその源で阻止する必要がある。

●防禦対象は、第一に国防関係ネットワーク、システムおよび情報であり、民間部門の国防産業や国防関係インフラも含まれる。第二に米国の重要インフラも、国土防衛任務として防禦対象であるとしている。

この戦略で注目されるのは、まず国防総省(具体的にはサイバー軍)によるサイバー防禦の対象に重要インフラ、国防産業など民間部門が含まれたことです。次に、これまで述べてきた通り、攻撃を受けてから対処するのではなく、標的に攻撃が達する前に、インターネット空間や相手方のネットワークにまで入り込んで、源において脅威を除去する「前方防禦」を定式化したことです。

「前方防禦」（ディフェンド・フォワード）の「フォワード」は、自分たちのシステムのインターネット接続点ではなく、外に出て行って守ることを意味します。

このためにどうするかと言ったら、今度は国防総省のサイバー軍を使うと。やはり、感覚として、インテリジェンス機関は、実はアメリカのNSAも外国のシステムを攻撃したりしているのです。しかし、これはあくまで例外的なコバート・アクション（秘密工作）なのです。これは対外的には絶対認めない工作です。

江崎：外国のシステムにサイバー攻撃を仕掛けたりすることは対外的には公言しない、秘密作戦ですからね。

茂田：2010年には、NSAがイラン中部ナタンツにある核燃料施設の遠心分離機をサイバー攻撃（制御システムに動作を混乱させるマルウェアを注入）で破壊する攻撃的工作を行ったと報じられましたが、アメリカがそれを公式に認めることはありません。

逆に言うと、NSAにとってそのような秘密工作は、ここぞというタイミングでしか実施できないわけです。頻繁に実行できる作戦ではありません。ですから、「前方防禦」で行う攻撃活動は、制度上NSAではなくサイバー軍の任務とされ、2018年にそれに必要な権限も与えられました。

江崎：秘密工作はインテリジェンス機関が担当し、公的な活動は国防総省、米軍が担当するというわけですね。そうした役割分担も極めて重要なポイントです。

茂田：その通りです。ただ、そうは言っても、サイバー軍が「前方防禦」の攻撃作戦を単独で行うわけではありません。やはりＮＳＡが全面的に支援します。ＮＳＡのシギント・インフラやシギント情報をサイバー軍と共有して作戦を行っていくわけです。

有名な例では、２０１８年の中間選挙でロシアが選挙干渉工作を仕掛けてきた際、サイバー軍とＮＳＡが共同作戦を行っています。具体的には、ＳＮＳを用いて世論操作を行っていたロシア企業インターネット・リサーチ・エージェンシー（ＩＲＡ）のサーバーを攻撃し、インターネットとの接続を遮断しました。「俺たちは監視しているぞ。これ以上、選挙に干渉するな」と牽制したわけですね。

もう一つ、「前方防禦」の例を挙げると、２０２１年には「レビル（REvil）」というロシア系ハッカー集団に対する攻撃が行われました。これは、サイバー軍、ＦＢＩ、そして某外国機関との共同作戦だそうです。

当時、レビルのランサムウェアが世界中で猛威を振るい、アメリカの重要インフラにも被害を及ぼしていました。そこで、サイバー軍がレビルのドメインを乗っ取り、インターネット上から彼らのウェブサイトを遮断。レビルを休業状態に追い込んだというわけです。

アメリカでは、サイバー軍がNSAと協力しながら、既にこのような「前方防御」を行っているのです。

江崎：防御だけでなく、相手のサイバー攻撃部隊、ハッカー集団の動きを止めるような積極的な攻撃を仕掛けるようになっているわけですね。

茂田：「前方防御」と言っても、そこには「コンピュータ・ネットワーク攻撃」が含まれるわけです。

NSA長官とサイバー軍司令官の兼任体制は今後も続く？

茂田：今やNSAはサイバー軍と不可分一体の協力関係を築いています。だからこそ、サイバー軍の創設から現在に至るまで、NSA長官がサイバー軍司令官を兼任しているのです。

2010年にサイバー軍が創設された当初は、2年後くらいにはNSA長官の兼任が解除されるだろうと言われていました。「立ち上げ時はやはりNSAの技術と支援が必要だから、長官の兼任体制は仕方ない。でも、そのうちサイバー軍も独り立ちするだろう」と多くの人が考えていたのです。

ところが、いつまで経っても兼任が解除されない。最大の理由は、やはりサイバー軍の活動には、NSAの専門技術、シギント情報、シギント・インフラによる協力・支援がどうしても必要だからだと思います。

前述の通り、サイバー軍が外国のハッカー集団を攻撃する際にも、NSAと合同作戦チームを作ったりしています。すなわち、攻撃の実行主体はサイバー軍だけど、攻撃に必要な知識や技術、シギント・インフラはNSAが提供するという形で共同作戦を行ってきたわけです。

江崎：実際のサイバー攻撃は軍が担当するが、そのための知識や技術の提供はNSAが担当するという形で役割分担をしているわけですね。

茂田：NSAとサイバー軍の協力関係では、従来は、NSA側が得られるものはあまりなかったのですが、最近は事情が変わってきました。サイバー軍は2018年以降現在に至るまで、「ハント・フォワード（Hunt Forward）作戦」というオペレーションを各国で多数行っています。

ハント・フォワード作戦とは、サイバー軍の直轄部隊を海外に派遣し、ホスト国のネットワークに入っているマルウェアなどの脅威をhunt（狩る）する活動、言うなれば「マルウェア狩り」です。もちろん、これをするにもNSAのシギント情報などによる支援が重要なのですが、NSA側も最新のマルウェアに関する欲しい情報が手に入ります。

実はマルウェアでアメリカを攻撃してくるような連中は、開発したマルウェアを一度近場の国で試してみるのだそうです。いきなりアメリカに対して使うのではなく、東欧あたりの国に仕掛けてみて、使えるかどうかをチェックしているのだと言います。

江崎：なるほど。だからマルウェアを狩りに積極的に海外に出向くことで、ＮＳＡにとっては未知のマルウェアの情報が手に入りやすくなるわけですね。

茂田：そういうことです。だから、サイバー軍がハント・フォワード作戦で、いち早くホスト国から最新のマルウェアを発見して持ち帰れば、ＮＳＡからしてもありがたい。そのマルウェアのデータが、自分たちの技術力・知識力の向上に役立ちますからね。このように、ＮＳＡも、サイバー軍のハント・フォワード作戦によって得るところがあるので、両者の協力関係が良くなっているということなのです。

江崎：要するに、サイバー問題を担当する情報部門と軍が連携して活動しているということですね。そして、そこに関しては、省庁間の縦割りが関係ない。

茂田：ＮＳＡの長官がサイバー軍の司令官ですからね。

サイバー軍は、統合戦闘軍（Unified combatant command）ですから、アメリカ軍としての戦闘部隊の組織・システムになっています。それをシギント機関であるＮＳＡが全面的に支援して、共同作戦を行っています。この密接な協力関係を維持していくためにも、サイバー軍司令官とＮＳＡ長官の兼任はなかなか解除できないということなのです。

「シギント」の視点がない日本の議論

茂田：アメリカのサイバー軍の活躍を受け、日本も自衛隊のサイバー防衛隊をもっと強化するべきだという議論もあります。ただ、そのサイバー防衛隊でどこまでのことをするつもりなのか。すなわち、サイバー空間を場とするそれなりの規模のシギント機関もない日本の現状において、サイバー防衛隊がシギント機関の支援なしでサイバーセキュリティの任務を全うできるのか。日本の議論には、そもそもシギントに関する問題意識が欠けています。

江崎：茂田先生のお話を伺っていると、やはりシギント情報の蓄積やシギント・インフラがあるからこそ、敵の所在や攻撃の手口などを解明できることが分かります。これは単に技術だけの問題ではありません。NSAにしても、常日頃のシギント活動や、しっかりとしたシギント・インフラがあって初めて、サイバーセキュリティが成り立っている。

茂田：そういうことです。ハッキング能力の高い優れた人材を集めさえすれば、日本もUKUSA諸国並みのことができるかと言うと、そんなことはありません。

UKUSA諸国の場合、シギント情報の蓄積とシギント・インフラという強固な基盤の上に、専門的なシギント技術集団が存在しています。だから、サイバーセキュリティの分野でも高い能力を発揮できるのです。その関係をしっかり理解しないと、本当の意味での良いサイバーセキュリティは構築できません。

江崎：日本の場合は、どの分野でも属人的な発想の議論が多く、一人の天才が出てくれれば何とかなるだろうと考える傾向があります。しかし、ことサイバーセキュリティに関しては、そういう話ではないということですね。

茂田：ＮＳＡのシギント情報の蓄積と、シギント・インフラというシステムがあるから、相手のハッカー集団をハッキングできるわけです。特殊能力を持っている人間がいるからできるという単純な問題ではありません。

江崎：敵を打ち破るためには、敵に関しての歴史的な経緯も含めた情報の蓄積が必要です。それがあって初めて、敵のことを分析できます。現時点の情報だけを頼りにして、敵の攻撃に対応できるかと言うと、やはりそれは難しいと思います。

茂田：なかなか難しいですね。

江崎：敵の評価すらできません。シギント機関とサイバー軍の連携協力があるからこそ、効果的なサイバーセキュリティができるのだということを、日本もしっかりと学んでいく必要があります。

第九章 日本のインテリジェンス強化のための提言

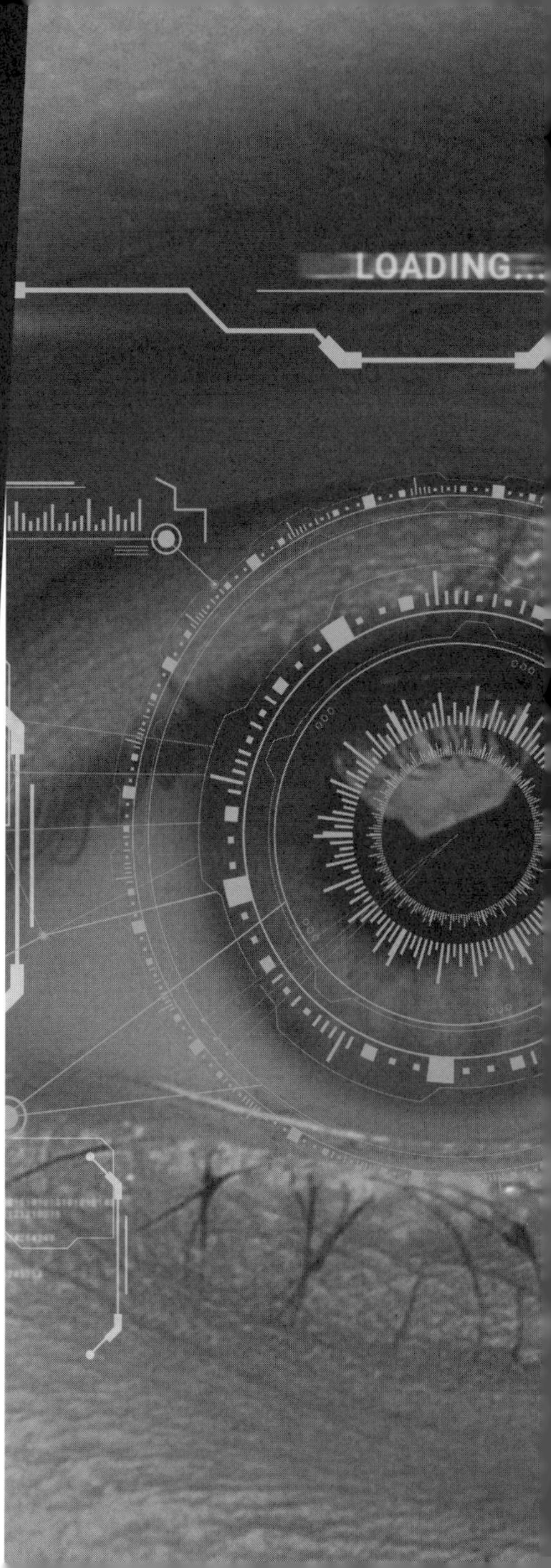

シギントはもはや「インテリジェンスの皇帝」

江崎：日本がこれから先も自由と独立を守っていくことができる「強く賢い国」になるには、インテリジェンスの強化が非常に重要です。しかし一方で、日本ではインテリジェンスが、戦前の〝弾圧機関〟のイメージもあってか、ずっとタブー視されてきました。ようやく岸田政権が2022年の安保三文書において、インテリジェンスの強化を五本柱の一つとして打ち出したわけです。

国家安全保障戦略には《我が国は、我が国の安全保障上の目標を達成するために、我が国の総合的な国力をその手段として有機的かつ効率的に用いて、戦略的なアプローチを実施する》として「1 我が国の安全保障に関わる総合的な国力の主な要素」の五番目として次のように明記されました。

《第五に情報力である。急速かつ複雑に変化する安全保障環境において、政府が的確な意思決定を行うには、質が高く時宜に適った情報収集・分析が不可欠である。そのために、政策部門と情報部門との緊密な連携の下、政府が保有するあらゆる情報収集の手段と情報源を活用した総合的な分析により、安全保障に関する情報を可能な限り早期かつ正確に把握し、政府内外での共有と活用を図る。また、我が国の安全保障上の重要な情報の漏洩を

防ぐために、官民の情報保全に取り組む。》

では、日本がインテリジェンス能力を高めていくにはどうすればいいのかについて、本章では、これまでの議論を踏まえて、具体的な政策案をお伺いします。

茂田：本題に入る前に、本書でここまで述べてきた内容から、何が分かるのか。全体のまとめとして、まずはそこから確認していきたいと思います。

一つ目は、シギントがヒューミント、イミント、マシントなどと比較しても、「情報収集力」という点では間違いなくナンバーワンだということです。

第一章で紹介したテシェイラの情報漏洩事件（２０２３年４月13日、アメリカでマサチューセッツ州空軍州兵のジャック・テシェイラが機密文書をインターネット上に流出させたとして逮捕された事件）では、様々なインテリジェンス分野の情報が漏洩しましたが、実は全体の約7割はシギント情報です。アメリカのインテリジェンス活動においてシギントがその中核を占めていることが、漏洩情報の比率から見ても分かります。

二つ目は、第七章のイギリスのオンライン秘匿活動でも紹介した通り、従来ヒューミントの世界で行われていたような積極工作（Active Measures、情報操作などでターゲットを都合のよい方向に誘導する工作）がサイバー空間においてもどんどん行われるようになってきました。もはやサイバー空間は、単なる情報収集の場ではなく、影響力工作、妨害工作、認知戦の主戦場になりつつあるのです。こうした状況の変化とともに、シギントの重要性もますます増してきています。

江崎：ところが、2022年の国家安全保障戦略では、シギントの重要性は明確に謳われていないのです。インテリジェンス強化についての具体的記述は以下の通りです。

《我が国の安全保障のための情報に関する能力の強化

健全な民主主義の維持、政府の円滑な意思決定、我が国の効果的な対外発信に密接に関連する情報の分野に関して、我が国の体制と能力を強化する。具体的には、国際社会の動向について、外交・軍事・経済にまたがり幅広く、正確かつ多角的に分析する能力を強化するため、人的情報、公開情報、電波情報、画像情報等、多様な情報源に関する情報収集能力を大幅に強化する。特に、人的情報については、その収集のための体制の充実・強化を図る。

そして、画像情報については、情報収集衛星の機能の拡充・強化を図るとともに、内閣衛星情報センターと防衛省・自衛隊の協力・連携を強化するなどして、収集した情報の更なる効果的な活用を図る。

また、統合的な形での情報の集約を行うための体制を整備する。政策部門と情報部門の連携を強化し、情報部門については、人工知能（AI）等の新たな技術の活用も含め、政府が

保有するあらゆる情報手段を活用した総合的な分析（オール・ソース・アナリシス）により、政策部門への高付加価値の分析結果の提供を行えるよう、情報分析能力を強化する。

そして、経済安全保障分野における新たなセキュリティ・クリアランス制度の創設の検討に関する議論等も踏まえつつ、情報保全のための体制の更なる強化を図る。

また、偽情報等の拡散を含め、認知領域における情報戦への対応能力を強化する。その観点から、外国による偽情報等に関する情報の集約・分析、対外発信の強化、政府外の機関との連携の強化等のための新たな体制を政府内に整備する。更に、戦略的コミュニケーションを関係省庁の連携を図った形で積極的に実施する。

そして、地理空間情報の安全保障面での悪用を防ぐための官民の実効的な措置の検討を速やかに行う。》

おそらく「電波情報」というところがシギントを意味するのでしょうが、この記述だけだと、シギントの重要性をよく分かっていないのではないかと思ってしまいますね。

茂田：シギント部門をどう強化していくのか、具体策は記載されていませんね。

他方、ＮＳＡの漏洩資料では、既に２０１３年の段階で彼らは「現代はシギントの黄金時代だ」と謳っています。例えるなら、以前はヒューミントが「積極工作の王様」で、シギントが「情報収集の女王様」というような関係でした。しかし、前述の通り、今やシギントは、積極工作も含めたインテリジェンス全体で中核を占める存在になっています。その意味では、シギントはもはや「インテリジェンスの皇帝」になっている印象を受けます。

日本には国家シギント機関がない

茂田：前章で述べた通り、サイバーセキュリティではシギントの能力が不可欠です。それは、サイバー軍事作戦においても同じことが言えます。

いざ戦争になれば、世界各国のサイバー軍組織は、当然の軍事作戦として、敵側のインテリジェンスのみならず、インフォメーション・システムを破壊し、それによって敵の作戦遂行を妨害してきます。と言うことは、サイバー軍事作戦においては、攻撃する側も守る側も、シギント機関の協力なくしてまともに戦えません。まさに「矛」を持たない者は「盾」も作れない世界です。まず「矛」を持たなければ始まりません。

江崎：敵を知らずして、どうやって守るのだという話ですよね。

茂田：そうです。ですから、やはり我が国もシギントを何とかしなければいけないというのが、私の切実な実感なのです。

現在の日本の課題として、まず国家シギント機関、すなわちアメリカのNSA、イギリスのGCHQに当たる組織が存在しないことが挙げられます。

その背景には、行政通信傍受（国家安全保障のためインテリジュンス機関が実施する通信傍受）の権限が日本には存在しない。行政傍受を認めるシステムが全然ないわけです。だから、不正アクセス禁止法でも、例えば誰かが外国のシステムに侵入した場合、現在の公定的な法解釈では違法行為になってしまいます。と言うことは、我が国のインテリジェンス機関が外国のインテリジェンス機関をハッキングしたら違法行為となるのです。

他方、日本は、外国からハッキングされても、それを取り締まるだけの実力がありません。アメリカなら、犯人を特定した上で、仮に様々な事情から国外にいる犯人を逮捕できない場合でも、少なくとも指名手配は行います。日本はその能力さえ今はまだないのです。

江崎：日本もようやくインテリジェンス重視を打ち出したわけですが、肝心の国家シギント機関が存在していないわけで、しかも、この国家シギント機関を創設するという明確な方針も打ち出されていません。

犯罪捜査に通信傍受を使うメリット

茂田：また、日本も形式上、司法通信傍受（犯罪捜査のため裁判所の令状を得て実施する通信傍受）なら行うことができます。しかし、日本の司法傍受など、世界の他の国と比べればないに等しいレベルです。

日本の司法傍受は、もともと日本に司法傍受制度がないことを外国から非難されたため、形だけでも作らなければいけないということで導入されました。だから、実際のところ、年間の司法傍受の件数も数えるほどしかありません。

江崎：司法傍受では、裁判所の許可をもらって特別に通信を傍受できるわけですが、裁判所はよほど悪質な事案以外は、まず許可しませんからね。

茂田：私が聞いた現場の実感としては、逮捕できる要件がないと司法傍受はできません。つまり、すぐ逮捕できるほど容疑が固まっていなければ、司法傍受もできないのです。それでも、ないよりはましで、司法傍受によって共犯関係なども明らかにできることがあるので、それなりには有効なのです。しかし、逮捕できるほどまでには容疑が固まっていない段階では、司法傍受ができません。実は諸外国では、そのような段階でこそ、司法傍受が活用されているのです。

江崎：だから結局、犯罪捜査ひとつとっても、日本ではマンパワー頼りになります。100人ぐらいの警察官を使って聞込みをするなど、人海戦術のような捜査になりがちです。

それに対して、他の国では、まず行政通信傍受で電話やインターネットから情報を集めて、大体の〝当たり〟を付けます。聞込みや張込み、尾行などにマンパワーを使うのはそれからです。

マンパワーの節約の面でも、犯罪捜査のスピードアップの面でも、行政通信傍受は大いに効果を発揮します。国民を犯罪から守るためにも、行政通信傍受は絶対に必要ですよね。

茂田：本当にその通りです。ですから、行政通信傍受も司法通信傍受も本来、両方とも必要なのです。

そもそも、国外に対する行政通信傍受、対外諜報としての通信傍受は、本来、どの国も法律に縛られないで行う国家のインテリジェンス活動です。この点については、私もわざわざ諸外国の法律を調べたことはありませんが、インテリジェンス経験者の常識として、法律に傍受権限を規定しなければできないなどという話を聞いたことがありません。

これに対して、国内における行政通信傍受は、スパイ対策やテロ対策といった国家安全保障目的で行われますが、国内ですので一定の規制の下に行われます。アメリカのように対外諜報監視裁判所による秘密審理で秘密令状を出す場合もあれば、イギリスのように所管の大臣の責任で行われる国もあります。ところで、スパイやテロは未然に防止、あるいは早期に検挙しなければ、意味がありません。スパイやテロリストが目的を達成した後でようやく逮捕するのでは、駄目なのです。これを尾行や張込だけで未然に防止するのは大変に難しい。膨大な人員を掛けても、検挙できるのは氷山の一角です。そこで、国内の行政通信傍受は、司法傍受よりも緩やかな要件で実施されます。未然に防止するのが目的だからです。

また、司法通信傍受については、それによって犯罪捜査のマンパワーを省くことができれば、治安維持の任務に人を回すことができます。それは国の治安の向上に繋がります。また、余計な人を使わないということは、税金を効率的に使うことにも繋がるのです。更に通信傍受という確固たる証拠が得られますので、冤罪の防止や裁判の効率化にも繋がります。イタリアでは、司法通信傍受を大規模に導入したために、犯罪捜査が大幅に効率化したといいます。

軍もインテリジェンスも世界基準に達していない日本

江崎：外国は、政府もハッカーも我が国に対して通信傍受をガンガン行っているのに、日本はそれを外国に対してできない。本当におかしな話です。

茂田：問題は、それがおかしいという認識を国民の大多数が持っていないことです。我が国のこのような現状が世界の諸国と比較して異常であるということを、国民は知らされていません。むしろ我が国の現状を正常だと誤認しています。私に言わせると、これが最大の問題です。

江崎：世界標準のインテリジェンスとは何か、ということが日本ではほとんど語られていませんからね。

茂田：なぜこのような異常な状況になってしまったのか。

言うなれば、日本は第二次世界大戦で戦争に負けて「禁治産者（※1）」になりました。「お前たちはもう自立した国家ではないのだから、これからは自分で勝手なことをするな。戦争が終わって、もはや必要がなくなった軍隊は解体、インテリジェンスも解体だ」という連合国側の意向によって作られていったのが、戦後の日本の体制であり、日本国憲法です。

もっとも、軍隊に関してはその後、1954年に自衛隊が発足しました。しかし、自衛隊が軍隊かと言われると、世界基準で見た場合、一人前の軍隊としての体系ができている組織ではありません。こういう表現をすると自衛隊の方たちには申し訳ないのですが、今の自衛隊はまだ「軍隊もどき」です。

インテリジェンスに関しても、近年は内閣情報調査室を中心としてインテリジェンス体制を整えて頑張って取り組んでいる姿勢が見えますが、やはり世界基準はまだ遥か彼方にあるのが現実です。

江崎：とりわけ、21世紀に入ってインターネットの発展に伴う通信データ量が世界的に凄まじい勢いで増え、シギントの役割がどんどん大きくなっています。その状況に対応するには、当然日本もシギント能力を強化していかなければなりません。しかし、未だに何も有効な手を打てていない。そこが、国家シギント機関不在の根幹ですよね。

茂田：おっしゃる通りです。だから日本も国家シギント機関を作るべきだ、というのが私の意見です。

※1　禁治産者：単独でできる法律行為が制限される制限行為能力者の一種。「心神喪失の常況（精神に障害があって、時に正常に復することはあっても、概ね正常な判断能力を欠く状態）」にあるため、家庭裁判所から禁治産の宣告を受けた者を指す。1999年の民法改正で成年後見人に改められた。

見習うべきはアメリカのシステム

茂田：では、国家シギント機関を作るにしても、どのような組織にするのが良いのか。

そこはやはり先例に学ぶべきでしょう。明治維新の日本も欧米諸国を必死に研究し、そこから使える制度を取り入れていきました。

それを踏まえて、現在、シギントで見習うべき国はどこでしょうか。

私が思うに、やはりアメリカです。

では、アメリカのシステムはどうなっているのか。

おさらいを兼ねて説明すると、まずNSAという1952年創設の強力な国家シギント機関があります。

それだけではなく、陸海空軍、海兵隊、そして沿岸警備隊もそれぞれ作戦支援のためのシギント組織を持っています。しかし、それらがバラバラに動いたのでは、効率的な運営はできません。そこで、各軍のシギント組織の総合調整機関に当たるCSS（Central Security Service、中央安全保障サービス）が1972年にできました。

これによって実際は、NSAとCSSが一体的に活動し、国家シギント機関としての機能も満たしながら、各軍の作戦時の情報支援も有効に行ってきたわけです。

更に、2010年にはサイバー軍が創設され、今度はサイバー軍もNSAと密接な協力関係を持つようになりました。前章で述べたように、サイバー軍は平時から「前方防禦」（ディフェンド・フォワード）でサイバーセキュリティに関与しています。この活動は、おそらく戦時になった時に、全面的に花開きます。相手の指揮統制システムなどを破壊するわけですから。

江崎：ようやく我が国も、岸田政権の安保三文書に基づいて、陸海空の自衛隊の指揮統制システムを一本化していかなければならないという具体的な動きが出てきました。

それまでの陸海空は、実はてんでバラバラでした。他の国の統合参謀本部に相当する統合幕僚監部（統幕）が２００６年に一応作られましたが、指揮通信機能も含めた統合は十分に行われていなかったわけです。

それがようやく２０２２年12月に閣議決定された防衛力整備計画において、常設の統合司令部を設立する方針が打ち出されました。と言うことは、当然、通信システムや様々な戦術情報の共有なども図られていくことになります。アメリカで１９７２年にＣＳＳができてから、遅れること約50年、半世紀を経てようやく我が国もＣＳＳに相当するものを作る動きが出てきたのです。

しかし、このＣＳＳを実質的に支えているナショナル・シギント機関、すなわちアメリカで言うＮＳＡに当たる組織を我が国は持っていない。だから、このＮＳＡに当たる組織を日本にも作らなければいけないという話ですよね。

茂田：そういうことです。今回の安保三文書を見ても、各自衛隊のシギント部門の強化、インテリジェンス部門の強化については言及されていますが、その統合機関、タクティカル（作戦）シギントの統合調整機関については言及されていません。統合司令機能については言及されていますが。

江崎：インテリジェンスの統合機関については、小野寺五典・自民党安全保障調査会長（元防衛大臣）らが2022年4月に出した自民党の報告書『新たな国家安全保障戦略等の策定に向けた提言』では、政府全体として、防衛駐在官の更なる活用を含め、人的情報（HUMINT）をはじめとする一次的情報の収集能力を強化することに加え、インテリジェンスの集約・共有・分析等を更に統合的に実施する体制を構築するために「国家情報局」の創設が提案されています。もっとも、今回の国家安全保障戦略では、国家情報局の創設は見送られました。

茂田：これを機に、CSS（中央安全保障サービス）も、NSAもしっかりと作って、つまり作戦シギント中央組織と国家シギント組織をしっかり作って、両者の協力環境まで整えることが重要だと思います。

それに加えて、前章で紹介した国家サイバーセキュリティ・センターも必要です。

アメリカ以外のUKUSA諸国、すなわちイギリス、カナダ、オーストラリア、ニュージーランドの4カ国は、シギント機関にサイバーセキュリティ・センターを附置して、ここに政府のサイバーセキュリティ対策を所管させています。アメリカだけは一元的になっていません。これに関してはアメリカ以外の4カ国の方が合理的なので、お手本にすべきだと思います。実際、最近来日したアメリカの関係者の公式発言を見ても、「日本のサイバーセキュリティ態勢はイギリスやカナダと同じシステムの方が良い」と薦めています。要するに、アメリカは人材も資金も豊富だから、CISAとNSAと別れていても良いけれど、ヒトもカネも充実していない日本は、イギリスなどをお手本に、シギント機関と一体化したサイバーセキュリティ・センターを作った方が合理的ですよというアドバイスです。

国家シギント機関に必要な要件とは？

茂田：ここまで述べてきたことを前提に、私は「国家シギント機関を作るべきだ」と提言しているわけですが、重要なのは、どのような体制の組織を作るかです。

国家シギント機関としてファイブ・アイズ、つまりUKUSAの諸機関と協働できるようにするためには、次のような体制の組織を作るべきだと考えます。

一つ目は、幹部の人事権を首相が持っていること。

ナショナル・インテリジェンスの組織は、国家のインテリジェンスのニーズに応えるためにあるので、その幹部の人事権は国家の代表者である首相が持っていなければいけません。後述するように、この国家シギント機関が防衛省に附置される場合でも、本部長を任命するのは、防衛相ではなく、首相だということです。例えば、本部長・副本部長は当然に首相任免とし、部長級以上も首相任免とするべきでしょう。そして候補者については、事前に内閣情報官の同意を必要とするという形が良いと思います。

江崎：国家シギント機関が防衛省に附置されても、そのトップは防衛大臣ではなく、首相が任命するということですね。

茂田：その通りです。二つ目は、その首相に任命された幹部たちの下にいる技術者集団が「専門家集団」になっていること。

専門性を確保するためには、NSAに倣ってシビリアン中心で独立した人事ができる組織にする必要があります。要するに、職員人事の任免権限は基本的に本部長が持っていなければいけないということです。もちろん、内閣情報調査室他、関係省庁との人事交流を進めていくのは大切ですが、任免権限を陸海空自衛隊その他の組織が持っていて、自由に人を出し入れできるような状態では、本当の専門家は育ちませんし、専門家の処遇もできません。

江崎：独自の人事体系でないと、専門家は育ちにくいですからね。

茂田：三つ目は、内閣情報官（内閣情報調査室のトップ）が予算を立案し、内閣インテリジェンス予算として内閣官房に一括計上すること。

アメリカでは、国家諜報長官（DNI：Director of National Intelligence）が作成して大統領に提出する国家諜報計画（National Intelligence Program）にNSAも含めた国家インテリジェンス予算が計上されています。イギリスでは、インテリジェンス予算が一括して内閣官房に計上されています。つまり、アメリカに倣って、予算立案は内閣情報官の権限とし、他の省庁予算とは別枠とする。英国に倣《なら》って、人件費を含む予算は内閣官房にインテリジェンス関係予算として一括計上する、ということです。

江崎：ここも重要な点ですね。防衛省に附置されたとしても、予算は内閣情報官が計上するようにすることで、国家としてインテリジェンス機関を統括するというわけですね。

茂田：四つ目は、内閣情報官が任務付与と情報配布の権限を持っていること。

ＮＳＡでは、国家諜報長官が、インテリジェンス・コミュニティの目標と優先順位を定めるとともに、ナショナル・インテリジェンスの情報要求と優先順位を決定し、収集・分析・作成・配布のタスキング（任務付与）を指揮することとされています。

情報の配布対象は、諜報コミュニティ内の組織と人ですが、当然、政府要人には必要情報が提供されています。そして、その手続きは、国家諜報長官が国防長官と調整の上で司法長官の承認を得て定めることとされています。

これら任務付与と情報配布の権限を誰が持つかは運用面で非常に重要です。日本の場合、内閣情報官が持つべきだと思います。

江崎：つまり、内閣情報調査室のトップである内閣情報官がアメリカの国家諜報長官のようにインテリジェンスを統括するということですか。

茂田：その通りです。アメリカやイギリスに学べば、ナショナル・インテリジェンス組織は、そういう体制になります。

加えて、前述の通り、国家シギント機関に国家サイバーセキュリティ・センターを附置して、サイバーセキュリティの一元的な所管官庁として運用することも重要です。ここで本当の専門家を養成していく必要があります。

なお、組織の人員規模は二次的な課題ですが、イギリスＧＣＨＱが約７０００人、カナダＣＳＥが約３０００人、オーストラリアＡＳＤが約２５００人ですので、戦略環境の厳しい我が国においては相当の職員数の組織とする必要があります。それも、シビリアンの専門家集団でなければなりません。制度的枠組を含めその実現には政治指導者の強いリーダーシップが必要です。

まともに戦えるようになるために日本版ＣＳＳも創設すべき

茂田：繰り返しますが、日本のインテリジェンス強化に当たっては、規模の違いはあれ、やはりアメリカを手本とすべきです。「アメリカのインテリジェンスは、その人員や予算規模が日本とは比較にならないほど巨大だから参考にならない」という意見もありますが、手本にすべきはその人員や予算規模ではありません。組織構成の仕方や運営です。

私は、アメリカのインテリジェンス、特にNSAを研究してきましたが、研究すればするほど、組織面でも機能面・運用面でもアメリカのインテリジェンスの合理性には感銘を受けざるを得ません。特に前述の国家諜報長官による人事、予算、情報要求・配布における統括機能は極めて重要です。

また、米国の組織制度を手本することにより、米国インテリジェンスとの協力関係の深化も容易となると思われます。

「イギリスのインテリジェンスは、アメリカと比べて規模が小さい割に極めて有能だから、日本もイギリスに倣うべきだ」という意見もありますが、イギリスのインテリジェンス力には、アメリカとの特殊関係、すなわちUKUSA同盟によるシギント力が大きく貢献しているのを忘れてはいけません。UKUSAシギント同盟がなければ、イギリスのインテリジェンス力も弱くなるのです。

江崎：自民党の小野寺報告書でも、《いわゆるファイブアイズへの参加も視野に関係国との情報協力を促進する》と明記しているわけですから、日本もアメリカやイギリスのように国家シギント機関を持つことを目指すべきです。

茂田：では、国家シギント機関を作ったとして、それをどこに設置するべきか。

私はやはり防衛省に附置するのが合理的だと思います。戦闘支援の必要を考慮すると、この点もNSAに倣うべきです。防衛省に附置できない場合は、内閣官房に附置するか、あるいはイタリアに倣い、情報省を創設して、その附置機関にするという選択肢もあると思います。

一方、自衛隊サイバー防衛隊や、陸海空その他のシギント組織を強化・整備するとともに、アメリカのCSS（中央安全保障サービス）のような統合調整機構も設置すべきです。要するに、国家シギント機関、サイバー防衛隊、日本版CSSの三者が手に手を取って連携できるシステムを整えていく必要があります。これがなければ、はっきり言って戦えません。

江崎：日本は、防衛省のサイバー防衛隊だけは持っているわけで、次の課題は、国家シギント機関と、陸海空の情報を共有・統合する日本版CSSを創設することですね。その上でサイバー防衛隊、国家シギント機関、日本版CSSの三つが連携できるシステムを構築するという順番ですね。

国家シギント機関は絶対に「ナショナル・インテリジェンス」

茂田：国家シギント機関は、防衛省に附置するにしても、ナショナル・インテリジェンスの組織として作る必要があります。

ナショナル・インテリジェンスとは、第一に、国家（ナショナル）を代表している大統領や首相のニーズに応えるものです。一方、各省庁や軍や自衛隊それぞれのニーズに応じて動くのは、「デパートメンタル・インテリジェンス」であり、「サービス・インテリジェンス」です。

第二章で述べた通り、かつてはアメリカではCIA・国務省と陸海空各軍との間でNSAを巡る綱引きがありました。NSA創設時に資源を出したのはほとんどが軍ですから、軍からすれば「俺たちが資源を出しているのに、大統領の下の中央諜報長官（当時。現在は国家諜報長官）などが勝手に動かすのは怪しからん」という感情はあったわけです。

しかし、戦後、50年、60年をかけて、「やはりナショナル・インテリジェンスは大統領に直結した国家諜報長官が統制するものだ」という合意ができました。その結果、国家諜報長官とNSAと各軍は深い相互信頼関係を築くようになり、今やアメリカでは全てがナショナル・インテリジェンスだと言えるぐらいに、インテリジェンス・コミュニティが非常にうまく機能しています。

日本の場合は、政府組織全体の傾向として、まだまだセクショナリズムが強いので、首相・内閣官房を中心としたインテリジェンスの連携・協力体制をしっかりと整えなければいけません。だから、国家シギント機関は政府全体のニーズに応えるナショナル・インテリジェンスの組織として枠組をしっかり作る必要があるのです。

もっとも、国家シギント機関の任務は、防衛省の所掌事務を超え、人事・予算・運営なども変則的なので、防衛省に設置する場合、国家行政組織法等の改正が必要になると思われます。

要するに、ここで述べた国家シギント機関の運用体制は今までの行政機関のそれとは大きく異なります。そうなると、憲法学者や行政法学者、あるいは内閣法制局は「内閣制度の趣旨に反する」などと言って、何かにつけてこのような枠組の国家シギント機関を作ることに反対してくるでしょう。アメリカやイギリスで実際にできていることを自身の学問的な視点で反対し、変なことを言い出しかねないのが、残念なことに日本の学者なのです。

江崎：我が国が独立国家として自国の自由と独立を守るためにどうしたらいいのか。そこを基本、原点にして議論をしていくべきですよね。

茂田：そういうことです。先程、防衛省附置が実現できない場合は、内閣官房に附置するとしましたが、あくまでもそれは万が一の場合です。やはり本来は、政治指導者がそうした法律的な議論も乗り越えた上で、しっかりとした枠組を作るのが、日本の将来にとって一番良いと思います。

内閣情報官を警察官僚ＯＢが務める理由とは？

江崎：ちょっと話が横に逸れるのですが、茂田先生にお伺いしたいことがあります。現在の官邸の情報部門は警察主導です。マンパワー上の理由からもそうならざるを得ないわけですが、本来そこは警察ではないですよね。

茂田：違います。本来は、対外諜報（フォーリン・インテリジェンス）の専門家が多数を占めるべきでしょうね。

江崎：やはり警察では国内の治安維持が中心になってしまいます。対外的なことも含めて、軍事・安全保障全体を考えていくとなると、国家シギント機関は軍事組織主導である程度運用していく必要があるということでしょうか。

茂田：今回は議論しませんでしたが、インテリジェンスにもセキュリティ・サービスという分野があります。これは主として国内において、スパイ対策やテロ対策など国家安全保障に関わるインテリジェンス活動を行う組織です。アメリカであれば、FBIの国家安全保障部門ですし、イギリスであれば、通称MI5、正式名称セキュリティ・サービスです。日本では、正式な制度ではありませんが、戦後この機能を担ってきたのは、警備警察部門です。警察もインテリジェンス機能を担ってきたわけです。そこで、警備警察には、インテリジェンスの技法と常識がある程度蓄積されています。

他方、我が国に現在、対外諜報（フォーリン・インテリジェンス）の専門家がどれだけいるでしょうか。自称「専門家」はいますが、現実は極めてお寒い限りです。専門家を自称するならば、本書でお話しした内容などは当然既に知っていなければなりません。

そこで、国家シギント機関ですが、アメリカのように、国家シギント機関とサイバー防衛隊と日本版CSSトップを兼務させるということであれば、当然、そのトップには軍人のシギント専門家が就任すべきでしょう。他方、イギリスのGCHQ、カナダのCSE、豪州のASD

などの国家シギント機関のトップはシビリアンですので、必ずしも軍人でなければいけないわけでもありません。重要なのは、専門家がトップにならなければいけないということです。

アメリカの場合、例えば、現NSA長官ポール・ナカソネ大将（対談時）の経歴を見れば、軍人でありながら、ずっとシギントを専門にやってきたことが分かります。アメリカの場合、大佐・将官クラスでもシギントだけを専門に何十年とやってきた軍人がゴロゴロいるわけです。では、日本ではどうか。一佐以上の自衛官でシギントの専門家が一人でもいるでしょうか。

江崎：そもそも日本には、国家シギント機関がないですからね。

茂田：少なくとも自衛隊には、シギントの組織があるわけです。しかし、シギント専門の自衛官でそこまで出世した人はいるのでしょうか。残念ながら、おそらくいません。

ですから、シビリアンにしろ、自衛官にしろ、人材を作るのが一番重要です。内閣情報官はなぜ警察官僚OBがやっているのか。私に言わせると、一番大きな理由は、内閣情報官に必要とされるバックグラウンドの経歴を、現状では警察官僚OBが一番持っているからです。

江崎：そうですね。

茂田：もちろん、十分ではありません。十分ではないけれども、現状そうしたバックグラウンド、インテリジェンスの経験を不十分ながら警察官僚OBが一番持っているから、内閣情報官にならざるを得なかったと私は理解しています。

しかし、将来的にはやはり、内閣官房のポストも含めて、本当の専門家が就くべきなのです。

それが日本という国家にとって一番良いことだと思います。

最大の問題は、そういう人材が輩出されていないという、日本のこれまでのインテリジェンス運営のあり方です。

法律になくても対外諜報は「やるのが当たり前」

茂田：国家シギント機関に話を戻すと、やはりそれなりの権限も与える必要があります。そもそも、対外インテリジェンスの権限について「これはやってもいいよ。これは駄目だよ」と法律でいちいち規定しようとする国は、私の知る限り日本以外ありません。
アメリカにも政府が国家安全保障目的で行う行政通信傍受を規制する「対外諜報監視法」(Foreign Intelligence Surveillance Act) という法律がありますが、あくまでもアメリカ国内における活動を規制するものです。元来はＦＢＩの国家安全保障部門による行政通信傍受中心に適用されてきたものですが、それが累次の改正で、ＮＳＡやＣＩＡの国内における対外諜報目的での収集にも適用されるようになってきました。
しかし、ＮＳＡや米軍が海外でシギント活動をする権限について規定している法律ではありません。どこの国でもそうですが、そんなものは法律などなくても「やるのが当たり前」なのです。
江崎：基本的にそうですよね。自国の安全保障のためですから。戦前への過剰な反省から戦後、対外的な活動をするに際して日本はいちいち、法律を作って、ある意味、対外的な活動を抑制してきたわけですが、本来ならば、対外的なインテリジェンス活動について法的根拠がなくてもできる、というのが国際常識というわけですね。

茂田：そうです。インテリジェンスは軍事活動と一緒で「限界領域」が分からないわけです。そんなものをいちいち国会の法律で「ここまではOKだけど、ここから先は駄目です」などと議論をするのは、私の感覚からするとあり得ない。

江崎：茂田先生がおっしゃったように、やはり日本は戦争に負けて「禁治産国家」として扱われ、「好き勝手にやらせると侵略戦争をやりかねない悪い国」というレッテルを貼られた。更に、そのレッテルが自己認識になってしまっています。

茂田：その通りです。レッテルを貼ったのは外国なのに、それを信じている日本人が今でも多数いるということなのです。

江崎：そして、自分の身を自分で縛ることが大事だと勝手に誤解しているわけですよね。

茂田：日本国民の人権を侵害するのは誰なのか。そういう人から見ると「日本の国家権力」だけなのです。外国の国家権力や外国の民間のハッカー集団など、実は日本国民の人権を侵害しうる潜在的な脅威が世界中に山ほどいるのに、それは見ない。

江崎：2024年の年明けに発生した能登半島の地震でも、十分ではないところはあったかもしれませんが、結局頼りになるのは政府であり、自衛隊であり、警察、消防でした。やはり国家権力があるから、国民を守ることができます。そういう意味では、国家こそが〝最後の砦〟です。

茂田：現在の世界で、国民の人権を守るのは国家なのです。国家が崩壊してしまったら、いくら優秀な弁護士がいたとしても、人権侵害の訴えを受理してくれる裁判所がない。相手も裁判に来てくれない。現実にそういう国は、世界中に山ほどあります。そんな単純な事実を、やはり日本人はまだ十分に理解していません。

江崎：もちろん、国家は、北朝鮮や中国のように国民の人権を侵害する存在にもなり得ます。だけど、人権を守る存在でもある。国家が「人権を守れる存在」であるように、国民側が政府をうまく活用しながら、国家シギント機関を作っていかなければいけない。国家安全保障のための対外情報収集に理解を示して、その権限を与えることで、日本国民を人権侵害から守る組織、守れる組織を作りましょうということですね。

茂田：そういうことです。

今こそ国家シギント機関創設に向けた第一歩を

茂田：国家シギント機関の権限に関連する話ですが、まず、対外的なシギント活動ですが、現在の不正アクセス禁止法の法律解釈では、違法行為になりかねません。不正アクセス禁止法は、国家安全保障目的で行う対外インテリジェンス活動には、適用を除外するべきですし、必要ならその旨の改正をするべきでしょう。

次に、日本を通過しているけれど、日本人が通信当事者でない通信が、実は山ほどあります。日本を通過しているだけなので、その通信を傍受しても日本国民の人権は関係ありません。これはアメリカが「トランジット（通過）通信傍受」と呼んでいるものです。実質的には対外情報収集なわけですが、これくらいは認めないとそもそも情報収集などできません。

次に、誰がどこに通信したなどのメタデータに関して、日本ではこれを「通信の秘密」に当たるとする学説が有力です。しかし、日本以外の国でメタデータを通信の秘密に含めている国は基本的にありません。第六章でも述べたように、メタデータを収集すれば様々な分析ができます。

現実問題として、日本国内ではメジャーなＩＴ企業は日本国民のメタデータをことごとく吸い上げて自分たちのビジネスに活用しています。自分のパソコンでインターネットに繋いでいる時に、表示される広告などはその最たる例です。その人の趣味嗜好に合った広告が次々に表示されます。あれは、企業側が我々のメタデータを自由に吸い上げているからできることです。

では、なぜそのように自由自在にメタデータを吸い上げられるのか。

企業のサービスを利用する際に、利用規約の「同意します」のボタンを押しているからです。それを押さないと我々ユーザーはサービスを利用できません。そこに企業側がメタデータを吸い上げて利用することへの同意も含まれています。だから、企業側は我々から自由にメタデータを集めてビジネスに利用しているだけでなく、一部の企業は裏でユーザーのメタデータを横流しして稼いでいるのです。

江崎：なるほど、日本の民間企業はメタデータを活用してビジネスをしているのに、なぜ我が国の自由と独立を守る責務がある日本政府だけがそれをしてはいけないのか、考えてみればおかしなことです。

茂田：ところが、日本のいわゆる「進歩的な学者」たちは、企業がやっていることに関しては批判しない。政府が同じことをやろうとすると、「憲法違反だ」「通信の秘密の侵害だ」と批判する。これでは、あまりにもバランスが取れていないと思います。

更に、サイバーセキュリティ・センターを国家シギント機関に附置する場合、これを機能させるためには、サイバーセキュリティに関する国内におけるデータ収集権限も規定する必要があると思います。

国家シギント機関の権限に関する話は、日本ではどうしても議論を避けられない課題ではありますが、やはり国家シギント機関を作るには乗り越えていかなければならないでしょう。

ここで述べてきたことは、あくまでも私の考える実現すべき国家シギント機関の理想像です。国家シギント機関の創設など、今はまだ夢物語のように聞こえるかもしれませんが、議論を始めなければ一歩も前に進むことはできません。

江崎：岸田政権が２０２２年12月、戦後初めて国家安全保障戦略においてインテリジェンス重視を打ち出したわけです。中国、ロシア、北朝鮮などの脅威から我が国の自由と独立を守るためには、行政通信傍受の解禁と国家シギント機関の創設が不可欠であることを一人でも多くの皆さんが理解してくださることを心から願っています。

あとがき

茂田忠良

本書を読んでいただいて、感謝します。

カタカナ語やコードネームが多く、読み難かったと思います。一読では十分理解できなかったかも知れません。しかし、本書の内容は、我が国の自称「インテリジェンス専門家」もほとんど知らない世界です。それなりの価値はあったのではないでしょうか。

内容については、「そんな馬鹿な！」「ウッソー！」「まさか？」「信じられない」と感じた人もいるかも知れません。

しかし、これがインテリジェンス、そして、シギントの実態なのです。

スノーデン漏洩情報、テシェイラ漏洩資料やウィキリークスの資料、そしてアメリカ政府開示資料、公表資料、報道などを読み込んで私が得たインテリジェンスの姿です。

この実態を見て、こんな情報まで取れるのかと驚いた人もいるでしょう。

また、こんな汚いことまでやるのかという感想を持った人も多いのではないでしょうか。

我が国のインテリジェンス入門書では、あたかもインテリジェンスを大学や研究機関における調査分析と同じように描く傾向が見られますが、このような入門書をいくら読んでもインテリジェンスの実際は分かりません。

本当のインテリジェンスとは、「まえがき」のＤＩＭＥ（ディプロマシー、インテリジェンス、ミリタリー、エコノミー）で紹介したように、端的に言って、国際関係の重要な構成要素、国家安全保障の一環であり、国益を賭けた闘いです。

国際関係とは、美しい建前の仲良し関係ではなく、国益と国益がぶつかり合う闘いの場です。インテリジェンスはその国際政治の最前線です。

本書を読んで、そのようなインテリジェンスの実態の一端を理解していただけたのではないかと思います。

インテリジェンスとは、本書でも分かるように、汚い側面があり、同時に、極めて重要でもあります。アメリカ以外の世界の国々も、国力と技術力に応じて、皆インテリジェンスに取り組んでいます。

我が国もインテリジェンスに真剣に取り組まなければ、国際関係のＤＩＭＥの一分野、インテリジェンスの分野で不戦敗となってしまいます。実際、戦後の我が国は、インテリジェンスではほとんど不戦敗の歴史ではなかったでしょうか。

他方、インテリジェンスは力を入れれば、有益ではありますが、暴走する危険性もないわけではありません。国民の皆さんには、是非、インテリジェンスに対する理解を深めていただいて、国民の負託を受けた政治指導者が正しくインテリジェンスを使いこなせるように、叱咤《しった》激励していただけたらと思います。

最後に、スノーデンの情報漏洩があったのは２０１３年です。世界はもっと進んでいます。例えば、ＮＳＡは既に、データの検索や分析にＡＩを導入するなど、システムは更に進化を遂げているのではないでしょうか。

また、スノーデン漏洩情報のほとんどはインターネット空間で入手可能です。世界各国、特に中国はスノーデン漏洩情報を研究して、必死にアメリカやイギリスに追い付こうとしているでしょう。

本書の対談後の２０２４年1月31日、ＦＢＩは、捜索差押令状によって、アメリカ国内の数百の旧式ルータから〝KV Botnet マルウェア〟を強制的に除去したと公表しました。ルータは、いわゆるＳＯＨＯ（small office/home office、小規模オフィスや在宅勤務）用のルータであり、それらを踏み台にして、重要インフラ企業のシステムへの侵入を狙ったものと推定されています。

マルウェアを仕込んだのは、中国ハッカー集団の〝Volt Typhoon〟です。同集団の活動は、ハワイを含むインド・太平洋地域の重要インフラに焦点を置いています。ＦＢＩのレイ長官は、同日、連邦議会下院の特別委員会で証言し、「中国のハッカー集団は、米国の水処理施設、電力網、石油ガス・パイプライン、輸送システムなどの重要インフラを標的にしており、イザという時に備えてそこにマルウェアを事前配置している。その上、革新技術を盗むなど経済安全保障面でも攻撃を加えており、更に、アメリカ国内における自由を侵害している。そして中国は、ＦＢＩのサイバー要員数の50倍以上の対米ハッカー要員を保持している」と警鐘を鳴らしています。

また、２０２４年２月６日の報道（産経新聞）によれば、２０２０年に中国のシギント機関が日本の外務本省と在外公館との間のＶＰＮ通信に侵入して外交公電が漏洩していたそうです。

本書では言及する余裕がありませんでしたが、スノーデン漏洩情報によれば、既に２０１０年代初めに、アメリカＮＳＡやイギリスＧＣＨＱはＶＰＮを含む暗号化通信の解読を着々と進めていました。２０１２年６月の内部資料によればＮＳＡはフランス外務省の在外公館と本省を結ぶ通信網であるＶＰＮの侵入にも成功していたのです。そして、中国もＶＰＮ攻略を進めているのです。我が国にもＶＰＮ攻略を進めるシギント機関が存在していたならば、防禦の手当もしっかりできていたかもしれません。

ＦＢＩ長官の証言や今回の報道は、中国のシギント機関の力量が、アメリカを猛追していることを明らかにしています。

このような状況に、我が国はどう対応するのでしょうか。不戦敗を続けるのでしょうか。それは国民皆さんの選択です。

※アメリカの行政通信傍受の法的根拠

——茂田忠良

アメリカ政府による行政通信傍受の法的根拠について、概略を説明します。詳しくは、次の文献、特に前二者を参照してください。

①茂田忠良『米国における行政傍受の法体系と解釈運用』警察政策学会資料第94号（２０１７年6月）

② William F. Brown & Americo R. Cinquegrana, *Warrantless Physical Searches for Foreign Intelligence Purposes: Executive Order 12333 and the Fourth Amendment*, 35 Cath. U. L. Rev. (1986)

③茂田忠良『米国国家安全保障庁の実態研究』警察政策学会資料第82号（２０１５年9月）

1　はじめに

アメリカ政府は、現実の必要に迫られて、国家安全保障目的のための無令状による行政通信傍受は遅くとも19世紀中葉以来、秘密捜索は遥かそれ以前から実施してきた（②１０３頁）。但し、これらは秘密裡に実行されていたため、その法的根拠については、当初はそれ程議論されていなかったようである。

20世紀、特に第二次世界大戦後になってから、国家安全保障目的の行政通信傍受や秘密捜索の法的根拠が盛んに議論されるようになり、現在では基本的に次のように整理されている。

2　行政通信傍受の憲法上の根拠

米国憲法第2章によって、大統領は行政府の長であり、軍最高司令官であり、対外関係の責任者である。この大統領の行政権には「本来的な権限（inherent powers）」が含まれると解釈されている。特に、大統領は対外関係（foreign affairs）の責任者であるが、その責任を果たすために、当然に対外諜報(foreign intelligence)の権限を保有すると解釈されている(②105頁)。また、大統領の国家安全保障のための広汎な権限の根拠として、その就任宣言を上げる説もある。即ち、憲法第2章第1条によれば、大統領就任時の宣誓文には「私は、合衆国大統領の職務を忠実に執行し、全力を尽して合衆国憲法を保持し、保護し、擁護することを厳粛に誓います。」の句が含まれるが、これは、国家の安全保障が大統領の任務であると共に権限であることを示していると解されている（①2頁）。

米国行政府は、この憲法上の大統領の本来的な権限に基づき、国家安全保障のための諜報活動は議会の制定する法律の根拠なしに行うことができると解釈して実行してきた。そして第2次世界大戦前から戦後に至るまで、米国政府は、国家安全保障目的の行政通信傍受を、広汎に、法律の授権なしに、且つ裁判所の令状なしに、実施してきたのである。

なお1970年代には、FBIが捜査した国家安全保障関連事件の連邦控訴審において、大統領権限による対外諜報目的の無令状・行政通信傍受を合憲とする判決が続出している。何れも被告人側からの上告は不受理となっており、連邦裁判所は、基本的に右記の米国行政府の憲法解釈を是認していると考えられる（①28頁、②109－114頁）。

3　行政通信傍受に関する現在の法体系

（ア）現在米国における諜報活動についての基本規程は、1981年制定の大統領命令第12333号「合衆国諜報活動」（Executive Order 12333：United States Intelligence Activities）である。従って、国内外におけるシギント活動（行政通信傍受）は本大統領命令に基づいて行われている。

ところで、国内における通信傍受は、司法通信傍受に関する1967年米最高裁判決（カッツ事件）において、連邦憲法修正第4条「不合理な捜索押収の禁止」でいう「捜索押収」に当たると初めて明示された（①26頁）。その結果、国内における行政通信傍受についても同条でいう「不合理な捜索押収」には当たらないという制度的枠組の構築が必要とされた。そこで当初「合理的な捜索押収」の制度的枠組としては、行政府内での手続（大統領又はその代理人たる司法長官による承認、傍受対象の特定、対外諜報目的）に求められていた（②128頁）。その後1978年に対外諜報監視法（FISA：Foreign Intelligence Surveillance Act）が制定されたため、現在は同法がその制度的枠組を担っている。

ここで、重要なことは、対外諜報監視法は、国内における行政通信傍受の権限創設規定ではなく、権限確認規定であるということである。つまり、国内においても大統領は本来的な権限として対外諜報（防諜、国際テロ対策を含む）目的の行政通信傍受を行うことができるが、それが憲法修正第4条に適合した「合理的な捜索押収」として実施されるための枠組を、連邦議会が法律の形で提示したと解釈されている（①29－30頁）。

（イ）対外諜報監視法に基づく行政通信傍受には、主に次の二つの類型がある。

一つ目は、法第1章による旧来型の行政通信傍受である（1978年制定）。米国内において特定の「外国勢力」又は「外国勢力の代理人」（と信じるに足りる相当の理由のある場合）に対して行うもので、対外諜報監視法によって設置された対外諜報監視裁判所による個別命令（order）を得て行われる。但し、外国大使館など外国勢力が公然且つ排他的に支配している施設などに対する通信傍受は、裁判所命令なしに、大統領が司法長官を通じて許可することができる。（なお、ここでいう裁判所の「命令(order)」は、憲法修正第4条が規定する「令状(warrant)」には該当しないと考えられる。①29－30頁）

第四章で紹介した通信基幹回線からの収集計画「ブラーニー」は、このためのシステムであり、実際は、法律制定前の1970年代初めから運用されてきた（③54頁）。NSAは本システムによって、諸外国の大使館などを監視下に置いていると見られる。また、FBIもこのシステムを特定のスパイ容疑者や国際テロ容疑者に対する行政通信傍受に使用している。

二つ目は、法702条による行政通信傍受である（2008年制定）。これは、米国外にいると合理的に推定できる非米国人を標的に、米国内の通信事業者施設からデータ収集（通信傍受）をするもので、裁判所の個別命令は不要である。但し、この傍受計画の枠組（標的決定手順、最小化手順、検索手順）が適正であることについて、対外諜報監視裁判所による認証を受ける必要がある。

本条による通信傍受の標的は、国外の非米国人であるが、同人の米国内米国人との通信も付随的に収集されてしまう。収集データはデータベースに蓄積され、このデータベースに対しては、NSA、CIA、FBIなどの分析官が「検索手順」に従って米国人のデータ検索（query）をすることが認められている。そのため、「裏口からの捜索」であると一部で批判されている。

法702条による通信傍受に使用されているシステムは、第四章で紹介した「プリズム」（③47頁）が有名であるが、本書では紹介しなかった通信基幹回線からの収集計画「フェアビュー」（ATT社協力）「ストリームブリュー」（ベライゾン社協力）（③55－56頁）も使用されている。

本収集は、2001年の9・11事件後にブッシュ大統領の命令により「ステラーウィンド」のコード名で秘密裡に法律の根拠なしに開始されたものであるが、2005年、2006年と続けて秘密が漏洩されて政治問題化した。そこで2008年に法律化されたものである。マスメディアでは「ステラーウィンド」は違法な通信傍受計画であると批判された。また、スノーデンもそう考えていた。しかし、米国政府の公式見解は、大統領権限による正当な行政傍受であるというものであり、この見解は現在でも維持されている。

4　NSAの公表資料にみる法的根拠論

そもそも、米国の国家シギント機関であるNSAの存在自体が公認されたのが1975年であり、シギント機関による行政通信傍受の適法性については表立って議論はされてこなかったが、これについいてNSAやシギント機関がどう考えていたか、NSAの開示資料を基に見てみよう（①8－11頁）。

（ア）1927年無線法、これを継承した1934年通信法（Communication Act of 1934）は、通信内容の漏洩・公表を禁止した。例えば、通信法第605条には、「何人も、…管轄権をもつ裁判所の発出した提出命令に応じる場合、その他権限ある当局からの要求がある場合を除いて…通信内容を漏洩し又は公表してはならない」旨の規定が置かれたのである。このため、シギント機関による通信傍受と解読が違法とされるのではないかとの危惧が生じていた。

（イ）これに対しては、1933年にスパイ防止法（Espionage Act of 1917）が改正され、政府職員が外国政府とその在米公館の間の通信から得られた知識を開示する行為が犯罪とされた。この立法により、連邦議会が「外国政府と在米公館の間の通信から情報を得る活動」（即ちシギント活動）が行われており、且つ当該活動の秘密を守る必要がある判断したことが示された。

（ウ）1952年には国家安全保障庁が設立されたが、その基となった1952年10月24日付のトルーマン大統領の秘密命令は、シギント組織の任務と運営方法を明示して国家安全保障庁の設置を指示していた。秘密命令ではあるものの大統領の意思が明示され、1934年通信法第605条に規定する「権限ある当局」(lawful authority) の意思が明示されたと解釈された。そして、民間通信事業者に通信の提供を要求する際の適切な根拠とされたのである。

（エ）1968年総合犯罪対策・街路安全法 (Omnibus Crime Control and Safe Streets Act of 1968) によって、刑法が改正され、合衆国法典第18篇第1部第119章が新設された。これは前年1967年のカッツ判決によって、通信傍受が憲法修正第4条の「捜索押収」であるとされたため、法執行機関による司法通信傍受について規定し、同章以外の通信傍受を禁止したものである。ただし、同時に、行政通信傍受については同章と1934年通信法第605条の制約が適用されないことを確認していた。即ち第119章第2511条第3項は「本章及び1934年通信法第605条の規定は、…合衆国の安全保障に不可欠な対外諜報情報を得るために…、大統領が必要と考える措置を採ることができる大統領の憲法上の権限を制限するものではない。」と規定された（いわゆるnational security exemption)。

NSAのヒストリアンは、この法律の制定をもって、コミント活動の正当性が連邦議会によっても完全に認められたと考えている。

（なお、その後、本項は対外諜報監視法の制定に伴い改正されている。）

5　補足

（ア）米国では、国家安全保障目的の通信傍受の実務が先行し、米国内での行政通信傍受が法律で確認・規制されたのは１９７８年のことであるが、このように通信傍受の実務が先行し、後にこれが法律で制度化される例は珍しくない。英国でも、行政通信傍受は幅広く行われてきたが、これが法律で確認・規制されたのは２０００年の調査権限規制法の制定が初めてであった。

（イ）ＮＳＡの内部資料によれば、ＣＮＥ（コンピュータ・ネットワーク資源開拓、つまりハッキング）はシギント活動に当然に付随する活動と認識されている。つまり、対外的なＣＮＥの根拠としては、シギント任務で十分であり、そのほか特別な根拠規定を必要とするとは認識されていない（例えば、NSA, Office of General Counsel, *CNO Legal Authorities*, circa 2010)。

（ウ）対外諜報監視法第７０２条は時限立法であり、今まで、期限を迎える度に更新されてきた。次の時限は２０２４年4月19日である。ところで、先述したように、本条による通信収集の標的は国外の非米国人であるが、同人の米国内米国人との通信も付随的に収集されてしまう。そして、収集データベースに対してはＮＳＡやＦＢＩやＣＩＡの職員も「検索手順」に従って対外諜報目的（防諜、テロ対策を含む）のため米国人のデータ検索（query）をすることが認められている。ところが、ＦＢＩ分析官は大量なデータ検索をして濫用していると批判されてきた。そこで、本条については改正される可能性がある。（２０２４年2月記載）

※外国諜報機関との関係ギブ＆テイクそして標的

茂田忠良

最近、外国インテリジェンス機関との協力関係の基本はギブ＆テイクであることが、漸く我が国の政治家にも浸透してきたようです。しかし、その具体的内容についてはまだ理解が進んでいるとは言えません。そこで、ここではスノーデン漏洩資料と米国開示資料を基に、シギント機関同士の協力関係について説明します。

1　協力関係の基本はギブ＆テイク

スノーデン漏洩資料によれば、米国NSAの一般的な友好国機関との協力関係は、「米国と相手国の国家諜報要求が交叉する場合」とされている。これは、協力がそれぞれの国家諜報要求の充足に貢献する場合という意味である。即ち、国家の諜報要求の充足という面においてギブ＆テイクの関係が成り立つ場合にのみ協力するし、協力関係が進展するという原則を述べている。

元NSA長官マイケル・ロジャース氏は対談で「ファイブアイズ（UKUSA：引用者注）についてよくある勘違いは、全ての情報が一方的にもらえるということです。情報をもらいたいなら、出す覚悟も必要です。」（『朝日新聞』2020年1月29日付「サイバー監視は正義？」）と述べているのは、このギブ＆テイクの原則を述べたものである。

ここには、博愛主義もなければ、サービス精神も存在しない。インテリジェンス活動は、国民からの付託を受けて且つ国民の負担の上に成り立っている。そうである以上、ギブ&テイクは当然のことであり、世界のインテリジェンス業界の常識を述べたものに過ぎない。インテリジェンスとは、「教えて下さい」と言ってタダで貰えるものではないのである。

さて、NSAの協力の具体的内容は、相手国に求めるものは、①地理的特性からする重要標的通信へのアクセス、②地理的分析能力、③特殊言語能力、④兆候・警告情報(Indication & Warning)収集に関する協力支援。相手国に提供するものは、①シギント技術(ハードウェア、ソフトウェア、関連技術)、②地域全体、全世界についてのシギント情報とされている。

2 ギブ&テイクの例外

ただし、外国との協力ではギブ&テイクの例外もある。スノーデン漏洩資料では、危機的状況に於いては一方的なシギント支援があり得るとしている。つまり、危機的状況にある国を支援することに米国の国益が合致する場合には、シギント面だけを見ればギブ&テイクは成り立たないが、国益全体の立場からシギント支援をすることがあり得るのである。正に、現在のウクライナ戦争におけるインテリジェンス支援である。ウクライナを支援することが、米国の国益に合致するという判断の下に行われているのである。

3 協力国はインテリジェンスの標的にしないのか

忘れてならないのは、米国の友好国や同盟国であっても、NSAの情報収集の標的であるという当然の事実である。UKUSAシギント同盟諸国以外の協力国、所謂サード・パーティは、

ＮＳＡにとっては協力相手であると同時に標的でもある。情報公開されたＮＳＡのある内部研究資料の表題は、「サード・パーティ諸国：パートナーにして標的」であり、この本質を明確に示している。

同資料には、「国家には友人も敵も存在しない。在るのは国家利益だけであると言われる」とか、「今日の友人や同盟国も、いつまでも友人や同盟国であるわけではない」などと記述されており、現実主義的な国際関係の理解が、国家関係の基礎とされている。即ち、シギント分野でも、国益が合致する限りで協力し、一致しない範囲では互いを標的として情報収集の対象とすることが当然とされているのである。２０１５年のウィキリークスの漏洩事案では、ドイツ、フランス、日本など西側諸国の首脳の言動に関するＮＳＡ情報が漏洩されたが、この程度で驚いてはいけないのである。他方、友好国もまた米国を標的にしているのであり、フランス、イスラエル、韓国は、対米諜報に積極的な国として知られている。

なお、ＵＫＵＳＡシギント同盟諸国は極めて緊密一体化しており互いを標的としないことを合意しているが、スノーデン漏洩資料によれば、米国の至高の国益に資する場合はそれさえも例外が認められる旨記載されている。これが、インテリジェンスの世界である。

仮にもし再びかつてのウィキリークスのような情報漏洩事案が発生した場合には、政府には、これが世界の現実だと国民を教育して欲しいものである。

【主要参考文献――茂田忠良】
（これらの文献は全て拙著であり、「茂田忠良インテリジェンス研究室」ウェブサイトの「著作」欄または「トピックス」欄からアクセスできます）

■「米国国家安全保障庁の実態研究」警察政策学会資料第82号（2015年9月）
■「米国における行政傍受の法体系と解釈運用」警察政策学会資料第94号（2017年6月）
■「サイバーセキュリティとシギント機関～NSA他UKUSA諸機関の取組」情報セキュリティ総合科学第11号（情報セキュリティ大学院大学、2019年11月）
■「『クリプト社』とNSA～世紀の暗号攻略大作戦」（改訂版）警察政策学会資料第127号（2022年11月）
■「オサマ・ビンラディンを追え（上）（下）―テロ対策におけるシギントの役割」（啓正社、2018年4月、7月）（茂田ウェブサイト「著作」欄）
■「テロ対策に見る我が国の課題～欧米諸国との対比において」警察学会資料第113号（2020年11月）
■「ウクライナ戦争の教訓～我が国インテリジェンス強化の方向性」（再訂版）（2023年7月）（茂田ウェブサイト「著作」欄）：「改訂版」は警察政策学会資料第125号（2022年12月）
■「Teixeira漏洩情報に見る米国のインテリジェンス力」警察政策学会資料第129号（2023年8月）
■（論考）「ACDと『能動的サイバー防御』、そしてシギント機関」（改訂版）（2024年1月）（茂田ウェブサイト「著作」欄）
■「HUNT FORWARD作戦とは何か。」（2023年7月）（茂田ウェブサイト「トピックス」欄）
■「ウクライナにおけるHUNT FORWARD作戦」（2023年7月）（茂田ウェブサイト「トピックス」欄）

装丁・本文デザイン　木村慎二郎
編集協力　雨宮美佐（倉山工房）

著者プロフィール

茂田忠良（しげた ただよし）

1951年（昭和26年）茨城県生まれ。1975年東京大学法学部（公法科）卒業。1980年米国・デューク大学大学院（政治学）卒業（修士）。1975年警察庁に入庁し主として警備・国際部門で勤務したほか、群馬県警察本部長、埼玉県警察本部長、四国管区警察局長を歴任。警察外では、在イスラエル日本大使館一等書記官、防衛庁陸幕調査部調査別室長・情報本部電波部長、内閣衛星情報センター次長を歴任。2008年退官後にインテリジェンスの学問的研究を始め、2014年から2022年まで日本大学危機管理学部教授としてインテリジェンスを講義。現在インテリジェンス研究に従事中。

主な論文に、「サイバーセキュリティとシギント機関」（情報セキュリティ総合科学）、「米国国家安全保障庁の実態研究」、「テロ対策に見る我が国の課題」「『クリプト社』とNSA～世紀の暗号攻略大作戦」「ウクライナ戦争の教訓～我が国インテリジェンス強化の方向性」（以上、警察政策学会）、「オサマ・ビンラディンを追え―テロ対策におけるシギントの役割」（啓正社）など多数。現在、月刊誌『正論』『軍事研究』『治安フォーラム』などに寄稿。月刊誌『警察公論』に「インテリジェンスこぼれ話」を連載中。

趣味は「日本を楽しみ、日本を学ぶ」で、特に歌舞伎、文楽、能狂言、講談、浪曲、落語などの古典芸能を楽しんでいます。

茂田忠良インテリジェンス研究室

https://shigetatadayoshi.com

江崎道朗（えざき みちお）

麗澤大学客員教授。情報史学研究家。1962年（昭和37年）東京都生まれ。九州大学卒業後、国会議員政策スタッフなどを務め、安全保障やインテリジェンス、近現代史研究に従事。2016年夏から本格的に言論活動を開始。産経新聞「正論」欄執筆メンバー。日本戦略研究フォーラム（JFSS）政策提言委員、歴史認識問題研究会副会長、救国シンクタンク理事、国家基本問題研究所企画委員。オンラインサロン「江崎塾」主宰。2023年フジサンケイグループ第39回正論大賞受賞。

主な著書に『知りたくないではすまされない』（KADOKAWA）、『コミンテルンの謀略と日本の敗戦』（第27回山本七平賞最終候補作）、『日本占領と「敗戦革命」の危機』、『朝鮮戦争と日本・台湾「侵略」工作』、『緒方竹虎と日本のインテリジェンス』（いずれもPHP研究所）、『日本は誰と戦ったのか』（第1回アパ日本再興大賞受賞作、ワニブックス）ほか多数。

公式サイト　ezakimichio.info

シギント
最《さい》強《きょう》のインテリジェンス

2024年4月20日　初版発行
2024年9月20日　2版発行

著　者　茂田忠良　江崎道朗

構　成　吉田渉吾
協　力　松井プロダクション
校　正　大熊真一（ロスタイム）
編　集　川本悟史（ワニブックス）

発行者　髙橋明男
編集人　岩尾雅彦
発行所　株式会社 ワニブックス
〒150-8482
東京都渋谷区恵比寿4-4-9 えびす大黒ビル

お問い合わせはメールで受け付けております。
HPより「お問い合わせ」へお進みください。
※内容によりましてはお答えできない場合がございます。

印刷所　株式会社光邦
ＤＴＰ　アクアスピリット
製本所　ナショナル製本

定価はカバーに表示してあります。

ISBN 978-4-8470-7412-7